国网重庆市电力公司技能培训中心青志明创新工作室丛书

U0169139

供电企业电能计量管理实务

何蓓　主编

中国电力出版社
CHINA ELECTRIC POWER PRESS

内 容 提 要

为有效提高供电企业电能计量管理人员的业务素质和从业能力，结合电能计量管理集约化、系统化、标准化的实际需求，国网重庆电力公司营销部组织有关专家编写了本书。全书共五部分，主要内容包括计量管理体系、组织架构、技术架构、管理职责相关的概述、供电企业计量管理、省级电力公司电能计量管理、省级计量中心电能计量管理信息系统、市 （县）供电公司电能计量信息化管理及以各类电能计量现场作业标准化作业卡为主的附录等内容。

本书实用性强、可复制性好，涵盖了国家与电网企业最新的政策、标准、规程、规定等内容；对各级电力公司电能计量管理的具体业务，以及在业务执行中涉及的管理风险、管控措施、考核指标、监控方法以及信息化管理手段等内容均是经实际运用行之有效的经验之谈，对读者快速了解和熟悉供电企业电能计量管理的全过程和全业务具有较强的参考与指导意义。

本书可作为各级供电企业电能计量管理人员、新员工的培训教学用书，也可作为电力职工日常工作指导和电力职业院校教学参考书。

图书在版编目（CIP）数据

供电企业电能计量管理实务 / 何蓓主编 . —北京：中国电力出版社，2020.6
ISBN 978-7-5198-3612-2

Ⅰ . ①供… Ⅱ . ①何… Ⅲ . ①电能计量 Ⅳ . ① TB971

中国版本图书馆 CIP 数据核字（2019）第 184388 号

出版发行：中国电力出版社
地　　址：北京市东城区北京站西街 19 号（邮政编码 100005）
网　　址：http://www.cepp.sgcc.com.cn
责任编辑：陈　丽（010-63412348）
责任校对：黄　蓓　闫秀英
装帧设计：郝晓燕
责任印制：石　雷

印　　刷：三河市万龙印装有限公司
版　　次：2020 年 6 月第一版
印　　次：2020 年 6 月北京第一次印刷
开　　本：787 毫米 ×1092 毫米　16 开本
印　　张：10.25
字　　数：246 千字
印　　数：0001—1500 册
定　　价：50.00 元

编 委 会

前　言

随着电力体制改革进一步深化，供电企业各级电力、供电公司的电能计量管理，作为联系企业效益和用户利益的纽带，与企业创新发展有机融合，依托组织架构和技术架构的不断改进，管理体系、技术体系的不断完善，业务全过程信息化的不断提升，基本实现了集约化、系统化、标准化的精益管理目标。在电能计量精益化管理改革的进程中，省级电力公司、地市（县）供电公司不可避免地面临电能计量管理岗位人员变动，计量专业人员配置储备有限，深入了解和学习电能计量管理知识的渠道较少等问题，急需整理供电企业电能计量管理脉络，形成系统指导。为此，重庆公司营销部编写了《供电企业电能计量管理实务》培训教材，详细介绍计量管理体系、组织架构、技术架构、管理职责、电能计量管理的主要内容、业务执行涉及的主要风险、管控措施、考核指标、监控方法以及信息化手段等，力求通过讲解帮助读者更好地认知和熟悉供电企业电能计量管理。

本书编写成员大都来自供电企业电能计量管理一线，整个编制经历了调研、组稿、修订、审核等阶段，并得到重庆大学电气工程学院李辉教授指导，在此对大家的辛勤付出表示衷心感谢。由于编制时间和水平有限，查阅收集的资料和编制的内容涉及面较广，大部分内容亦是首次编写，难免不足和疏漏之处，敬请各位读者批评指正，提出宝贵意见。

作　者

2019 年 10 月

目　录

1　概　　述

计量是实现单位统一和量值准确、可靠的测量。计量工作包括计量管理和计量技术两个方面，其任务可概括为：统一国家计量制度，保证全国量值的准确可靠，维护社会经济秩序，为各行各业和人民群众生活提供计量保证。

1.1　计量管理的概念

国际法制计量组织（OIML）对计量管理的定义是："计量管理是计量工作负责部门对所用测量方法和手段，以及获得、表示和使用测量结果的条件进行的管理。"这个定义把计量管理概念局限于计量器具和计量器具的使用方法和条件，是狭义的计量管理概念。目前，计量管理的概念已经发展到对测量过程的控制，即广义计量管理概念，其定义是："计量管理是由指定的机构根据国家法规提供计量保证的工作体系。它通过测量仪器的控制、计量监督和计量评审予以实施。"

1.2　我国的计量管理体系

我国计量管理体系包括计量法规体系、计量行政管理体系、计量技术保障体系、计量中介服务体系、计量学术教育体系等。

1.2.1　计量法规体系

法规体系是由母法及从属于母法的若干子法所构成的有机联系的整体。目前，我国计量法规体系包含计量行政法规体系和计量技术法规体系，是以《中华人民共和国计量法》（简称《计量法》）为基本法，若干计量行政法规、规章以及地方性计量法规、规章为配套，数量庞大的计量技术法规为辅助的计量法规体系。

1.2.1.1　计量行政法规体系

按照审批权限、程序和法律效力的不同，我国计量行政法规体系可分为三个层次：第一层是法律，第二层是行政法规，第三层是规章。此外，按照立法的规定，省、自治区、直辖市及较大城市也可制定地方计量法规和规章。

（1）计量法律。《中华人民共和国计量法》于1985年9月6日第六届全国人民代表大会常务委员会第十二次会议通过，自1986年7月1日起施行。《计量法》于2009年8月27日第十一届全国人民代表大会常务委员会第十次会议、2013年12月28日第十二届全国人民代表大会常务委员会第六次会议、2015 年 4 月 24 日第十二届全国人民代表大会常务委员会第十四次会议和 2017 年 12 月 27 日第十二届全国人民代表大会常务委员会第三十一次会议对其进行了修改。《计量法》的基本内容包括：计量立法宗旨、调整范围、计量单位制、计量基准器具、计量标准器具和计量检定、计量器具管理、计量监督、计量机构、计量人员、计量授权、计量认证、计量纠纷处理和计量法律责任等。修改后的《计量法》共计六章三十四条。

《计量法》作为国家管理计量工作的基本法，是实施计量监督管理的最高标准。制定和实施《计量法》是国家完善计量法制、加强计量管理的需要，是我国计量工作全面纳入法制化管理轨道的标志。

（2）计量行政法规。计量行政法规是国务院根据《计量法》的规定，制定、批准颁布的计量法规，目前有《中华人民共和国计量法实施细则》《国务院关于在我国统一实行法定计量单位的命令》《全面推行法定计量单位的意见》《中华人民共和国强制检定的工作计量器具检定管理办法》《中华人民共和国进口计量器具监督管理办法》《国防计量监督管理条例》《关于改革全国土地面积计量单位的通知》等。

此外，还有各省、自治区、直辖市及人大或常委，根据本行政区域的具体情况和实际需要，制定颁布的地方性计量行政法规，如《重庆市计量监督管理条例》。地方计量行政法规只在各省、自治区、直辖市区域内产生法律效力。

（3）计量规章。国家计量行政主管部门颁布的计量管理规章制度，包括《中华人民共和国计量法条文解释》《计量基准管理办法》《计量标准考核办法》《制造、修理计量器具许可证管理办法》等 20 余部。

此外，还有各省、自治区、直辖市及较大城市政府制定的地方性计量管理规章制度，如《上海市社会公用计量标准器具管理办法》。

1.2.1.2 计量技术法规体系

计量技术法规体系是实现计量技术法制管理的行为准则，是进行量值传递、开展计量检定和实施计量管理行为的法律依据。计量技术法规体系分为国家计量检定系统表、计量检定规程、计量技术规范。《计量法》规定"计量检定必须按照国家计量检定系统表进行"，"计量检定必须执行计量检定规程"。

（1）国家计量检定系统表。从国家计量基准到各级计量标准直到工作计量器具的检定主从关系所作的技术规定，成为国家计量检定系统表。国家计量检定系统表由国务院计量行政部门组织制定，它的作用主要是规范量值传递和溯源行为，是建立量值传递体系的依据，是建标、制定计量技术规范、进行检定校准的重要依据。

（2）计量检定规程。计量检定规程是用于评定一种或一类计量器具合格与否所作的技术规定。计量检定规程分为国家计量检定规程、部门计量检定规程、地方计量检定规程。计量检定规程的作用：一是规范检定程序和方法；二是保证计量器具量值准确可靠。

国家计量检定规程由国家质监部门负责组织制定，在全国范围施行。国家计量检定规程用汉语拼音缩写 JJG 表示，如 JJG 596—2012《电子式交流电能表检定规程》、JJG 1021—2007《电力互感器检定规程》。

部门、地方检定规程由国务院有关部门或地方省、自治区、直辖市质监部门制定，在本部门、本行政区域施行，经国家审批也可全国推荐使用。

（3）计量技术规范。计量技术规范是指国家计量检定系统表和国家计量检定规程所不能包含的其他具有综合性、基础性的计量技术要求和技术管理方面的规定。计量技术规范分为：通用计量技术规范、专用计量技术规范、某些物理量的计量保证方案技术规范、计量器具的校准技术规范和国家计量基准、副基准操作技术规范等。计量技术规范的作用是规范方法和程序，保证所有相关工作的一致性。国家计量技术规范用汉语拼音缩写 JJF 表示，如 JJF 1069—2007《法定计量检定机构考核规范》。

（4）计量技术标准。标准是为在一定范围内获得最佳秩序，对活动或其结果规定共同的和重复使用的规则、导则或特性的文件。标准分为国家标准（GB）、行业标准、地方标准（DB）、企业标准（Q）等。

计量标准与计量技术法规既有联系又有区别：计量检定规程是特殊的（国家）标准，属于技术性法规，检定规程是强制执行的，而标准是非强制执行的；检定规程中包含有行政管理方面的内容，而标准中则没有；检定规程必须由行政管理部门制定，而标准则不一样，行业协会和民间组织都可以制定标准，就是企业本身也可以制定自己的标准。

国家标准是由国家标准化主管机构批准发布，对全国经济、技术发展有重大意义，且在全国范围内统一的标准。国家标准分为强制性国标（代码为 GB）和推荐性国标（代码为 GB/T）。强制性国标是保障人体健康、人身和财产安全的标准，是法律和行政法规规定强制执行的标准；推荐性国标是指生产、检验、使用等方面，通过经济手段或市场调节而自愿采用的国家标准。

行业标准是由我国各主管部、委（局）批准发布，在该部门范围内统一使用的标准。行业标准由国务院有关行政主管部门制定，报国务院标准化行政主管部门备案。行业标准分为强制性标准和推荐性标准。DL/T 825—2002《电能计量装置安装接线规则》、DL/T 448—2016《电能计量装置技术管理规程》都是推荐性电力行业标准。

对于没有国家标准和行业标准，需在省、自治区、直辖市范围内统一工业产品的安全、卫生管理要求，可以制定地方标准。公布国家标准或者行业标准之后，地方标准即应废止。

企业标准是企业统一技术要求、管理要求、工作要求所制定的标准。企业标准由企业制定、批准、发布。企业标准用汉语拼音"Q"开头，如 Q/GDW 1827—2013《三相智能电能表技术规范》、Q/GDW 1356—2013《三相智能电能表型式规范》都是国家电网公司企业标准。

1.2.2　计量行政管理体系

我国计量行政管理体系层级为国务院计量行政部门、省（自治区、直辖市）政府计量行政部门、市（地、州、盟）计量行政部门、县（区、旗）计量行政部门，实行"统一领导、分级负责"体制。

国家市场监督管理总局负责统一管理计量工作。推行法定计量单位和国家计量制度，管理计量器具及量值传递和对比工作。规范、监督商品量和市场计量行为。

省级以下设置质量技术监督局，负责本省范围内贯彻执行计量法律、法规，推行法定计量单位，组织建立、审批本省最高计量标准，实施计量器具强制检定；计量器具制造、修理许可证的发放；开展量值传递，查处商品计量和市场计量违法行为等。

《计量法》规定"县级以上人民政府计量行政部门可根据需要设置计量检定机构，或者授权其他单位的计量检定机构，执行强制检定和其他检定、测试任务"。《计量法实施细则》进一步明确"县级以上人民政府计量行政部门依法设置的计量检定机构，为国家法定计量检定机构。其职责是负责研究建立计量基准、社会公用计量标准，进行量值传递，执行强制检定和法律规定的其他检定、测试任务，起草技术规范，为实施计量监督提供技术保证，并承办有关计量监督工作"。

各级质量技术监督部门及法定计量检定机构关系如图 1-1 所示。

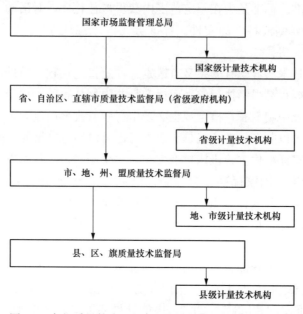

图 1-1　各级质量技术监督部门及法定计量检定机构关系

1.2.3　计量技术保障体系

我国计量技术保障体系由中国计量科学研究院、国家专业计量站（所）、大区国家计量测试中心、地方各级计量测试技术机构、部门或行业计量测试技术机构、企事业基层单位计量技术机构组成。计量技术机构的主要任务是提供计量技术服务，包括计量测试技术服务与计量科技创新服务。计量测试技术服务主要包括测量仪器的检定和校准、关键参数的测量和测试等；计量科技创新服务主要包括计量测试技术方法研究与应用、计量测试仪器装备的研制与开发、产品全寿命周期的计量技术支撑方案与实施等。我国计量技术机构组成如图 1-2 所示。

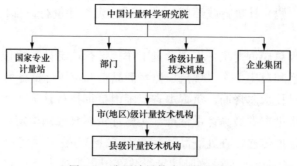

图 1-2　我国计量技术机构组成

1.2.4　计量中介服务体系

我国计量中介服务体系由社会公正计量行（站）、中国计量协会及其地方、行业计量分会、中国计量技术开发总公司、计量咨询和认证认可机构、计量书刊、规程的出版、发行机构组成。

1.2.5　计量学术教育体系

我国计量学术教育体系由中国计量测试学会、各地计量测试学会、中国计量学院、各地计量中等专业学校组成。

2 供电企业计量管理

供电企业是依据国家有关法律法规，从事电能传输、变换，电网管理，电能分配、销售和用电服务的综合企业，其业务范围涵盖了除发电、电力设备制造、电力设施建设以外的电力生产所有环节。各级电力、供电公司按行政区划层次，实行垂直领导体制，形成金字塔结构：跨省区的电网公司和按省（直辖市）、地（市）、县（市）各级行政区设立的电力公司和供电公司。

供电企业电能计量管理以全面贯彻执行国家计量各项法律、法规和规章制度为前提，以公开、公平、公正为准则，以持续提升计量管理和技术水平为工作重点，以建立"体系完整、技术先进、管理科学、运转高效"的计量体系为目标。供电企业电能计量管理机构与技术机构如图 2-1 所示。

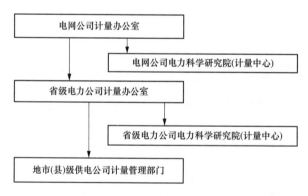

图 2-1　供电企业电能计量管理机构与技术机构

2.1　供电企业计量管理机构及职责

电网公司总部设立计量办公室，履行电网公司计量管理职责：

（1）贯彻执行国家计量法律、法规和政策，组织制定电网公司系统计量管理方面的规章制度、技术标准等，并监督实施。

（2）负责电网公司系统计量体系建设与运行管理，构建量值传递体系，监督并指导各级供电企业计量技术机构建设和业务运行；负责电网公司系统计量标准和计量人员的考核管理工作。

（3）负责电网公司系统计量标准管理，监督各级供电企业计量标准配置规划和计划的实施，审批公司最高计量标准建标考核申请，组织实施计量标准量值比对和实验室能力验证工作。

（4）负责电网公司系统计量技术管理，建立健全电网公司系统计量业务指标体系，指导计量新技术的研究、开发、推广及应用工作；负责组织计量重大技术难题攻关工作；负责计量人员技术培训工作。

（5）负责电网公司系统计量监督体系建设与运行管理，负责计量器具质量监督管控和分析评价；负责电网公司系统计量资产全寿命周期管理；负责组织重大计量故障差错调查和处理工作。

（6）负责统筹协调和处理电网公司系统内、外部有关计量方面重大问题，指导电网公司系统计量授权工作，负责与国家计量行政管理部门以及其他主管部门和相关单位计量事宜的沟通。

（7）受国家认证认可监督管理委员会委托，对电力行业质量检验机构和重点实验室进行计量认证和监督管理。

省级电力公司计量办公室设立在各省级电力公司总部，履行省级电力公司计量管理职责，主要职责为：

（1）贯彻执行国家计量法律、法规以及电网公司计量工作的有关规定；负责组织制定本公司系统计量管理方面的技术标准，并监督实施。

（2）负责建立本公司系统计量监督体系和量值传递体系；负责所属各级供电企业计量技术机构建设、业务指导和运行监督管理；负责计量检定能力建设、设备配置标准制定与审核；负责计量检定/校准工作监督管理。负责本公司系统计量标准和计量人员的考核管理工作。

（3）负责计量标准管理，执行本公司系统计量标准配置规划和计划，配合公司计量办公室组织实施计量标准量值比对和实验室能力验证工作；审批计量标准考核申请与建标考核资料。

（4）负责组织本公司系统计量新技术的研究、开发、推广及应用指导工作；负责计量人员技术培训工作。

（5）负责计量监督体系建设与运行管理。负责监督执行公司计量技术监督方面的技术标准、管理制度；负责制定计量器具质量监督工作计划，实施计量资产全寿命周期管理，组织开展计量器具质量监督管控和分析评价工作；负责计量装置检测、改造、更换计划审批并监督执行，负责所辖范围计量故障差错调查和处理工作。

（6）负责与当地计量行政管理部门和相关单位沟通计量事宜，协调计量授权相关工作；负责本公司系统内、外部有关计量方面重大问题的协调和处理。

地、市（县）供电公司计量管理部门，履行地、市（县）供电公司计量管理职责，主要职责：

（1）贯彻执行国家法律法规、规章制度和专业技术标准。

（2）负责提出本单位计量设备的配置、改造、更换计划并组织实施。

（3）负责开展本单位人员技术培训。

（4）负责申请计量相关业务授权，开展本辖区计量业务执行和计量技术监督工作。

（5）负责本辖区电能计量资产全寿命周期管理工作等。

2.2　供电企业计量技术机构及职责

电网公司电力科学研究院计量中心是电网公司系统最高计量技术机构，主要职责为：

（1）贯彻执行国家计量法律、法规和技术标准、检定规程、技术规范以及电网公司计量工作的有关规定；建立本单位计量质量管理体系，制定质量方针和质量目标，负责计量管理体系的运行及其持续改进。

（2）负责申请获得相应计量授权；负责电网公司最高计量标准建立、维护和管理，开展电网公司内部量值传递、溯源和标准比对、能力验证工作。

（3）依法开展计量检定、计量技术监督；承担电网公司系统计量技术监督考核管理和业务指导。

（4）承担电网公司系统计量体系及其安全防护体系的建立、运行维护和管理。

（5）受托开展计量技术监督和计量业务管控；负责开展电网公司系统计量器具、测量设备的产品质量监督、重大故障分析等工作；在电网建设和生产的工程设计、设备招标、生产验收、生产运行等环节开展技术监督和检验检测工作；参与关口计量系统的设计审查、竣工验收、电能计量装置故障差错调查处理工作。

（6）负责开展计量新技术的研究、开发；负责各级供电企业新技术应用指导工作；参与计量重大技术难题的分析、处理工作；组织开展电网公司系统计量技术交流和技术培训活动。

（7）协助电网公司计量办公室组织开展电力行业质量检验机构和重点实验室计量认证日常管理；承担电网公司系统计量标准量值比对、实验室能力验证、计量标准和计量人员考核管理工作。

（8）承担电网公司计量办公室和国家计量行政管理部门安排的其他工作。

省级电力公司电力科学研究院计量中心是省级电力公司计量技术机构，其主要职责如下：

（1）贯彻执行国家计量法律、法规和技术标准、检定规程、技术规范以及电网公司计量工作有关规定。

（2）协助省公司计量办公室建立计量技术监督管理体系，在本省系统内开展计量技术监督管理和业务指导。

（3）负责申请获得相应计量授权；负责本省最高计量标准的建设、使用、维护，开展计量标准量值溯源/传递、计量标准比对及性能考核工作。

（4）承担本省公司系统计量监督工作，负责计量器具检定、配送等业务的执行；实施计量器具产品质量监督管控与评价；开展计量资产全寿命周期管理工作；负责计量故障差错技术分析与鉴定等工作；参与关口计量系统的设计审查、竣工验收、电能计量装置故障差错调查处理工作。

（5）负责建立本单位计量管理体系，制定质量方针和质量目标；负责计量管理体系的运行及其持续改进。

（6）负责开展计量新技术的研究、开发；负责各级供电企业新技术应用指导工作；组织开展计量技术交流和技术培训活动。

（7）承担省公司计量办公室和地方计量行政管理部门安排的其他任务。

2.3 供电企业量值传递管理

量值传递是指通过对测量仪器的校准或检定，将国家测量标准所实现的单位量值通过各等级的测量标准传递到工作测量仪器的活动，以保证测量所得的量值准确一致。是用准确度等级较高的计量标准在规定的不确定度之内对准确度等级较低的计量标准或工作计量器具进行检定或校准。因此，每一层次的检定或校准都是量值传递中的一个环节。

2.3.1 标准设备管理

标准设备管理工作涵盖标准设备配置、量值溯源、建标、考核（复查）、运行维护、故障处理、更新改造等内容。

2.3.1.1 标准设备配置及验收

电网公司计量最高标准设在电网公司电力科学研究院计量中心。省级电力公司计量最高标准设在省电力公司电力科学研究院计量中心。电网公司电力科学研究院计量中心、省级电力公司电力科学研究院计量中心应严格按照国家检定规程、校准规范要求，科学规划，合理布局，建设满足标准设备运行的温度、湿度、洁净度等环境条件的实验室，保证计量检定/校准工作正常开展。省级计量中心和地市（县）供电公司应根据业务开展需要，配置满足计量量值传递和计量检定、检验、测试工作需要的计量工作标准。标准设备（包括软件）的配置应科学合理，完整齐全，在符合检定规程和 JJF 1033—2016《计量标准考核规范》要求的基础上，合理选择确定计量标准的准确度等级和计量性能，杜绝铺张浪费。

标准设备使用单位应按照相关国家检定规程、校准规范等技术标准要求对计量标准开展到货验收工作，保证标准设备的技术性能指标符合相应规程、规范的要求。对检定用计算机、自动化设备及软件，应对其适用性进行确认。标准设备到货验收试验结果及建档信息应录入系统进行管理。

2.3.1.2 标准设备建标及维护

标准设备使用单位应严格按照计量法律法规、检定规程要求，编制标准设备溯源计划，按期进行量值溯源工作。

（1）计量标准建标、考核（复查）。各级计量中心应按照《计量标准考核规范》要求，对用于检定工作的强检设备计量标准、非强检设备计量标准、计量最高标准，开展计量标准考核（复查）工作，取得计量标准考核证书。

（2）标准设备运行维护。标准设备使用单位应编写标准设备作业指导书，并严格按照作业指导书的要求进行设备操作与使用。每次使用过程中均应对标准设备进行常规检查，保证标准设备状态可控、准确可靠。标准设备日常保养维护，由标准设备使用单位根据设备性能、特点，定期对标准设备及检定用计算机、自动化设备和软件进行维护保养，并对整个维护过程进行过程记录。

2.3.1.3 标准设备故障处理

使用单位对发现有故障的标准设备应立即进行标识，记录故障发生的时间、地点、起因和详细经过，相关数据信息形成运行分析报告纳入计量标准文件集。

2.3.1.4 标准设备更新改造

标准设备的更新改造，应纳入使用单位营销项目管理或固定资产零购范畴。由使用单位根据改造计划制定改造方案，并上报主管单位，审查通过并下达资金后，由使用单位实施改造。

2.3.2 计量检定授权管理

各级计量中心宜获得所在地省级以上政府质量技术监督部门的法定计量检定机构授权。具备条件的单位应积极争取获得本行政区域内的计量仲裁检定授权，充分运用技术、设备及运行管理方面的优势和经验，维护计量的公平公正。

2.3.3 量值溯源和量值传递

各级计量中心在质量技术监督局建标的标准设备和最高计量标准、其他强检设备宜送中国计量科学研究院溯源。其他设备可送电网公司计量中心溯源。地市（县）供电公司电能计量工作标准设备，应按照计划到省级计量中心送检送校。

2.3.3.1 编制计量标准溯源计划

计量标准使用单位应严格按照计量法律法规、检定规程要求，按照强检设备和非强检设备分别编制计量标准溯源计划。强制检定设备计量标准应严格依据国家计量检定规程中规定的检定周期制定溯源计划。非强检设备计量标准有检定规程的，按照检定规程规定的溯源周期制定溯源计划；无检定规程的由使用单位按照科学、经济和量值准确的原则确定合理的溯源周期，并依据溯源周期制定溯源计划。

2.3.3.2 标准设备的量值溯源

标准设备使用单位应依据国家计量法律法规和电网公司系统量值传递的要求，按照"就地就近"原则，开展量值溯源和电网公司内部比对溯源工作。

（1）强检设备计量标准的量值溯源。按照国家计量法律法规规定，省级电力公司计量最高标准应按照溯源计划送当地人民政府计量行政部门指定的计量技术机构进行检定（校准），量值溯源合格后送电网公司计量技术机构进行公司内部比对溯源；省级电力公司工作计量标准原则上由本单位计量最高标准进行量值溯源，不具备条件的应送电网公司计量技术机构进行量值溯源。

（2）非强检设备计量标准的量值溯源。非强检设备计量标准原则上应按照溯源计划在省级电力公司内部进行量值溯源，不具备条件的可送具有相应资质的计量技术机构进行量值溯源。

（3）量值溯源（比对溯源）结果分析处理。计量标准使用单位应认真分析计量标准量值溯源（比对溯源）的检定/校准证书，判断计量标准的计量性能是否符合要求，对计量性能不符合要求的计量标准应进行更新改造。

（4）计量标准量值溯源（比对溯源）结果应录入信息系统进行管理。

2.4 供电企业电能计量管理

电能计量是由电能计量装置来确定电能量值，为实现电能量单位的统一及其量值准确、可靠的一系列活动。在电力系统中，电能计量是电力生产、销售以及电网安全运行的重要环节，发电、输电、配电和用电均需要对电能准确测量。电能计量的技术水平和管理水平不仅影响电能量结算的准确性和公正性，而且事关电力工业的发展，涉及国家、电力企业和广大电力客户的合法权益。

供电企业电能计量管理的职能是保证电能计量装置准确、可靠、客观、正确地计量电能。必须从购置、检定、安装、日常维护等方面，建立起一套全过程的电能计量闭环管理和风险防控机制。电能计量管理主要内容包括电能计量资产全寿命周期管理、电能计量质量全寿命周期管理、电能计量实验室管理、电能计量库房管理和电能计量档案管理等。

2.4.1 电能计量资产全寿命周期管理

电能计量资产包括各种类型电能表、计量互感器、计量箱、封印、采集终端、计量标准（试验）设备等。计量资产全寿命周期管理分为需求采购、检测检定、仓储配送、安装投运、运行维护、更换拆除、回收报废等关键环节。其中省级计量中心负责电能计量资产需求（采购）计划汇总审核、物资集中招投标、采购合同签订、检定检测、一级仓储及配送、发票校验与付款、资产报废和资产调拨等管理。地市（县）供电公司主要负责需求（采购）计划编制和上报、二级仓储及配送、设备新投安装、运行维护、更换拆除及资产报废等管理。

（1）需求采购环节。包括编制和审核计量资产需求计划，根据需求计划提报物资招标计划，根据中标结果签订采购合同，根据采购合同编制订货计划等管理。

（2）检测检定环节。电能计量资产投入运行前，由获得法定计量检定机构授权的电网公司省级计量中心开展的检测检定工作。包括中标后样品比对和全性能试验；到货后样品比对、软件比对及到货后抽样检验；逐只全检和全检技术监督抽检试验等。此外，还包括库存超期资产复检、运行资产抽样检验、客户申校检验、资产报废鉴定和故障鉴定等检验检测任务。

（3）仓储配送环节。电能计量资产在仓储、配送等环节采取防受潮、防震动、防腐蚀、防电磁干扰等措施，防止仓储时间超过规定时限，确保投入运行前的电能计量资产合格。电能计量各级库房应对不同类型、不同规格、不同状态的设备分类存放、定置管理，并有明显标识，实施计量资产出、入库及盘点精益化管理。

（4）新投安装环节。包括电能计量装置设计审查、安装施工、竣工验收、投入运行等管理。

（5）运行维护环节。包括投运后电能计量装置的首次检验、周期（状态）检验、运行抽检、远程巡检、在线监测、异常处理等管理。

（6）更换拆除环节。由于新装、更换、工程、故障等原因，对电能表、电流互感器、电压互感器、二次回路、试验接线盒、计量屏（柜）、封印、采集终端等设备进行更换拆除管理。因故障更换的电能表要应定期送计量中心开展故障鉴定。

（7）回收报废环节。一是对更换拆除的废旧资产回收入库，存放一个抄表周期后拟定报废计划，开展报废鉴定，按报废审批流程开展报废。二是对淘汰计量资产以及不能继续使用的计量资产提出报废申请，通过技术鉴定后，履行审批程序报送相关部门批准后执行报废处理。

2.4.2 电能计量质量全生命周期管理

电能计量质量全寿命周期管理是指对应计量资产全寿命周期管理关键环节对计量资产开

展包括状态分析、质量分析、寿命预测与评价、面向质量管理的供应商评价等四个维度的分析和管理。

（1）计量资产状态分析。包括单一计量资产状态分析和批量计量资产状态分析。各级供电企业应重点关注批量计量资产各环节关键指标在不同时间段的变化情况，并从供应商、招标批次、到货批次等不同维度加强横向对比分析和管控。

（2）计量资产质量分析。包括单个计量资产和批次计量资产的质量分析，并根据评价结果辨识影响计量资产质量的关键因素。分析数据来源于：计量资产的采购到货、设备验收、检定检测环节的状态变更记录和检定不合格信息；省计量中心一级库房配出的资产状态变更信息；计量资产在二级库房的配送记录以及配送环节的故障信息；计量资产的安装、运行、拆回的状态变更记录及故障原因等；申请报废资产的报废原因以及状态变更记录等。

（3）计量资产寿命预测与评价。通过计量资产表龄、库龄的分析和管控，及时更换超期运行电能表，对库龄超期电能表实施管控，成品库龄超过 6 个月的电能表在安装使用前应检查表计功能、时钟电池、抄表电池。省计量中心应根据批次计量资产寿命情况，在计量资产技术标准、制造工艺等方面，提出有针对性的改进措施，并定期评估在运计量资产预测寿命，结合运行电能表抽检等工作，制定相应的轮换策略和采购计划，提高计量资产管理的前瞻性和科学性。

（4）面向质量管理的供应商评价。建立面向产品质量管理的供应商评价模型，对中标供应商进行全方位的监督、评价，为计量资产全寿命周期管理提供科学的决策支持。

2.4.3 电能计量实验室管理

电能计量实验室管理应包括以下环节和要求。

（1）供电企业应认真贯彻国家的法律、法规，依法建立实验室，配置与计量设备验收和检定（检测）能力相匹配的完备的试验设备，确保验收和检定（检测）结果准确。

1）根据实验室业务范围，设置与其相适应的检定、检测、校准人员，建立和维护计量标准，开展计量检定、检测、校准工作。

2）实验室检定、校准人员资质应符合计量法律法规规定要求。

3）开展申校服务的实验室，应建立满足《计量标准考核规范》环境条件的实验室。

（2）依据国家颁布的检定规程、校准规范和检测方法开展检定、校准和检测工作，并对在业务范围内所使用的检定方法应进行确认，以证实该方法适用于预期的用途。

1）按照 JJF 1069—2018《法定计量检定机构考核规范》、JJF 1033—2016《计量标准考核规范》的要求，对计量标准测量不确定度进行评定，对测量重复性及稳定性进行考核，确定其技术能力满足工作要求。

2）对程控自动化检定、校准、检测设备的软件在首次投运或更新后进行数据采集、计算、结果处理进行确认核查。

3）对检定、校准和检测的主标准器和配套设备定期溯源，并在检定校准周期内对计量标准进行期间核查。

4）根据标准设备的检定或校准结果，对设备进行标识。

5）在检定工作过程中，要对有要求的环境条件随时加以监控和记录，发现变化超出规定条件时应进行调整，并予以重新测量或修正数据。

6）对经检定合格的计量器具加检定合格标记，并对电能表施加封印。计量器具在检定周期内检定不合格的，应注销原合格标记。

7）每天对信息系统内所保存的检定、校准、检测数据的正确性、一致性、完整性进行核对。

（3）利用质量控制程序对检定的有效性进行监控。

1）根据所开展项目的技术要求，选择适合的质量控制方法，制定内部质量监控计划，经审批后实施。

2）通过监控所得数据发现其发展趋势，监控计划和方法应定期进行评审，以便持续改进。

3）对检定过程与质量监控计划执行情况进行监督，分析质量控制的数据，当发现质量控制数据将超出预先确定的判据时，应遵循已有的计划采取措施来纠正出现的问题，并防止报告错误的结果。

（4）严格遵守《法定计量检定机构考核规范》的要求以保持实验室环境整洁。

1）划定环境受控区，并作出明显标志，受控区只允许试验人员进入；如外来参观人员或客户进入环境受控区，须经实验室管理单位批准后方可由实验室人员陪同进入。

2）实验室标准设备与物品宜定置摆放，工作人员进入实验室必须换实验室专用工作服，严禁携带任何与实验无关的物品。

3）实验室应有足够数量的消防设施，实验室工作人员应掌握消防设备的使用，安排专人负责电、水及门窗的安全工作。

（5）出具的证书的格式应符合有关标准、规程及方法中的规定，没有明确规定的，实验室可自行设计，报告格式经过审核批准后，以文件的形式发放使用。

1）指定专门人员负责实验室证书、检定印章的管理，不得将印、证外借或超范围使用。

2）准确、清晰、明确和客观地出具每一份证书，严格执行证书出具程序；证书一律采用计算机打印，不允许手写、涂改。

3）保存证书副本，保存期限不得少于三年。

2.4.4 电能计量库房管理

电能计量资产库房（简称库房）是指用于存放电能表、互感器、用电信息采集终端等计量资产的库房，按级别可分为省级计量中心一级库房、地市（县）级供电公司二级库房和乡镇供电所库房。

（1）库房建设管理要求。库房应设有专人负责管理，定期（至少每月一次）对仓库各种设备状态进行检查，确保设备保持良好的使用状态；仓库库区应规划合理，储物空间分区编号，标识醒目，通道顺畅，便于盘点和领取；库房应具备货架、周转箱、设备的定置编码管理，相关信息应纳入信息系统管理；库房应干燥、通风、防尘、防潮、防腐、整洁、明亮、环保，符合防盗、消防要求，保证人身、物资和仓库的安全，并对库房环境进行监测；库房内需配备必要的运输设施、装卸设备、识别设备、视频监控及辅助工具等设备；库房设备的出入库，应使用扫描条形码或电子标签方式录入信息系统。

（2）库房存放管理要求。计量资产应放置在专用的储藏架或周转车上，不具备上架条件的，可装箱后以周转箱为单位落地放置，垒放整齐。智能立体库房内计量资产应按不同状态（新品、待检定、合格、待报废等）、分类（类别、等级、型号、规格等）放置，或存放在不同颜色的周转箱里。对于平库库存设备应实行定置管理，有序存放，妥善保存；计量资产应按不同状态（新品、待检定、合格、待报废等）、分类（类别、等级、型号、规格等）、分区（合格品区、返厂区、待检区、待处理区、故障区、待报废区等）放置，并具有明确的分区线和标识（如合格区——绿色；返厂区——蓝色；待检区——黄色；待处理区——白色；故障区——红色；待报废区——黑色）。

（3）出入库管理。计量资产出入库应遵循"先进先出、分类存放、定置管理"的原则。经检定合格的电能表在库房保存时间超过 6 个月以上的，在安装前应检查表计功能、时钟电池、抄表电池等是否正常。

1）省级库房对新购的计量资产应进行外观验收，清点数目，检查产品包装和产品外观质量，对照"送货通知单"与实物进行核实，核实无误后进行抽样验收。抽样验收合格后，该批计量资产正式入库，建立资产档案；抽样验收不合格，该批次电能计量器具退回生产厂家。未达到抽检标准的计量资产批次直接入库。

2）省级计量中心对验收合格入库的计量器具进行全检，根据检定结果分别存入合格品区和不合格品区。校验合格的计量资产装箱组盘，扫描入库，将数据读入信息系统中。不合格品存入不合格区，并录入数据作退厂处理。

3）应保证预入库信息当天录入信息系统，录入数据应准确无误。电能计量器具应安全、可靠地搬运和交接，交接双方应在单据上签字确认。新计量资产到货后，应按抽检计划安排抽样试验。

4）各级库房在接收配送计量资产时必须进行入库前验收，进行外观检查和信息核对，核对配送单上计量资产的数量、规格、编号范围、到货日期以及所属批次号，同时清点和核对容器数量。验收合格后，进行扫描入库，将计量资产及容器录入资产档案；验收不合格的计量资产立即退回省级计量中心配送单位。

5）对换装、拆除、超期、抽检、故障等拆回的暂存电能表做好底码示数核对，保存含有资产编号和电量底码的数码档案，并及时进行异地备份，及入库操作数据维护。拆回的电能表按照一定规则有序存放，方便今后查找，至少存放 1 个抄表或电费结算周期。

6）成品计量资产的出库操作。工作人员凭工单、传票对各类成品计量资产配置出库，同时在信息系统的相应模块做好状态维护，确保计算机数据、台账与实物状态相一致。

7）对于成品计量资产出现外力损坏，各级库房应确定外力损坏原因，发起库存复检流程，确认计量资产是否满足使用要求。如确定无法继续使用，按待报废或返厂维修流程进行处理和移交。

8）资产人员将抽检、超期库存、需检定的疑似故障计量资产做待检定处理和移交，按接收计划送至检定单位重新检定；对废旧计量资产出库操作时，应进行数据维护，并有交接签字记录；对淘汰、烧损的计量资产，按待报废进行处理和移交。

9）需要平级库房间相互调配资产时，应根据调配单对相应的计量资产进行出入库操作。

（4）库存预警值的设定与盘点管理。

1）库存预警值的设定。对有库存数量限制的计量资产，计量资产库房管理单位应对所管辖的库房设置库存量预警值，预警值的上下限宜分布设置为每月平均用量的 1.5 倍和 0.5 倍，智能周转柜的库存量预警值下限宜设置为库存容量的 0.5 倍，库存量预警值应结合业扩、故障等短期需求实时调整。对库存期限有要求的计量资产，计量资产库房管理单位应设置库存成品超期预警值，预警值的大小可依据 DL/T 448—2016《电能计量装置技术管理规程》等规程、规定的要求。

2）超限处理。计量资产成品库存量超限值预警时调整配送需求计划，进行库房调拨；计量资产待检库存量超限值预警时调整到货计划，合理安排检定工作；计量资产待报废超限值预警时联系各级物资供应中心，及时进行报废处理；库存成品超周期预警时，在安装使用前应检查表计功能、时钟电池、抄表电池。

3）盘点管理。对人工管理模式和采用智能仓储管理模式的库房管理单位，应至少每年对计量资产库房进行一次盘点。库房管理单位在盘点期间停止各类库房作业，库房盘点至少安排两人同时参与，需指定盘点人和监盘人。盘点人在盘点前应检查当月的各类库存作业数据是否全部入账。对特殊原因无法登记完毕时，应将尚未入账的有关单据统一整理，编制结存调整表，将账面数调整为正确的账面结存数。被盘点库房管理人员应准备"盘点单"，做好库房的整理工作。盘点人员按照盘点单的内容，对库房计量资产实物进行盘点。盘点结束后，库房管理单位编制盘点报告，并将盘点结果录入相关信息系统，同时上报归口管理单位。

2.4.5 电能计量档案管理

电能计量档案指在计量资产全寿命周期管理过程中形成且办理完毕，对企业具有保存价值的以纸质、磁质、光盘和其他介质形式存在的历史记录。计量资产全寿命周期管理文件材料归档范围包括外来文件、计量标准文件、内部计量体系管理文件、现场检验文件、质量监督文件、用电信息采集系统建设文件、仓储配送文件、客户资料、设备管理文件、其他应归档的文件材料。

档案材料应分类、组卷、排列与编目，根据档案管理目录体系，建立案卷目录和全引目录。根据档案管理目录体系，建立档案备查簿及相关子目录体系，填写文件卷内目录，并按其归档类型、基本情况（如时间、名称等）、机密程度、保存时间等进行统一管理。归档材料应严格按照要求整理，装订成册，编号入档，分类存放。

计量纸质档案或电子档案的保管期限应满足国家法律法规及公司相关规定。国家法律法规、公司相关制度明确规定必须采用纸质文档方式保存的、在工作中客户履行签字确认手续需要保存留证的纸质文档，应采用纸质档案保存。信息系统中保存的电子数据属于电子档案，其保存期限原则上随设备的全寿命周期管理的终止而结束。

对到期和失去保存价值的档案应提出鉴定和销毁工作的申请，履行审批手续后进行相应处理。

3 省级电力公司电能计量管理

下面以直辖市电力公司的电能计量管理体系〔按省级电力公司、省级计量中心、地市（县）供电公司三个层级〕为基础，介绍电能计量管理的具体内容。

3.1 省级电力公司电能计量组织架构及职责

省级电力公司按照上下协同、指挥通畅、运作高效的原则构建电力营销组织架构，省公司层面设"一部二中心"，即省电力公司营销部、客户服务中心、计量中心；地市和区（县）供电公司层面设"营销部"。电能计量管理组织架构与之对应（见图3-1）。

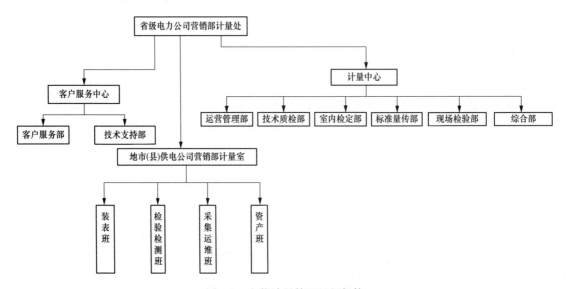

图 3-1 电能计量管理组织架构

省级电力公司营销部设计量处，履行省级电力公司电能计量管理职责，负责计量体系建设、计量标准管理、计量技术管理、计量检定授权申请、计量监督、计量故障差错调查和处理、计量装置和用电信息采集系统建设与管理等。

客户服务中心计量管理相关部门包括：

（1）客户服务部。负责95598电能计量咨询、投诉工单的转派、督办、回复审核和上报。

（2）技术支持部。负责营销业务系统电能计量模块的开发、使用、完善与运行维护，负责用电信息采集系统主站建设、运维，采集设备功能测试及升级完善等。

省级计量中心是省级电力公司电能计量技术支撑单位，执行电能计量器具集中检定、集中配送等省级集中业务。其计量管理部门包括：

（1）运营管理部。负责生产计划管理，计量技术监督管理，质量体系管理，计量资产全寿命周期管理，计量印证统一定制和管理等。

（2）技术质检部。负责计量装置质量检测与分析，贸易结算计量器具仲裁检定，计量新技术应用和研究，用电采集现场技术支持等。

（3）室内检定部。负责电能表、低压互感器和用电信息采集设备的首次检定、检测、质量抽检等。

（4）标准量传部。负责电能计量、电测计量、高压计量标准量值传递等。

（5）现场检验部。负责省电力公司层面关口电能计量装置的技术监督、计量方案审查、竣工验收、运行技术管理、电能表周期（状态）更换等；同时，开展重要电力客户电能计量装置和用电信息采集系统投运前管理及现场检验检测、周期（状态）检验、故障分析与处理；对地市（县）供电公司进行电能计量技术监督检验，给予计量技术支持等。

（6）配送部。负责计量器具配送管理、废旧物资管理、一级库房及二级库房出入库管理、一级库房与二级库房之间的资产调度管理、仓储设备设施运行维护等。

地、市（县）供电公司营销部设计量室，负责贯彻执行国家法律法规、规章制度和专业技术标准；在辖区内组织实施计量业务，开展计量技术监督；负责本辖区电能计量资产全寿命周期管理；负责编制本单位计量设备的配置、改造、更换等计划，并组织实施；负责开展本单位计量人员培训等。

地市（县）供电公司营销部计量室下设计量专业班组，负责执行电能计量业务包括：

（1）装表接电业班。负责所辖客户、关口电能计量装置投运前管理及装拆、更换、故障处理等；负责用电信息采集设备装拆移换；负责计量装置技术升级改造工程实施。

（2）检测检验班。负责管理权限范围内客户、关口电能计量装置和用电信息采集设备现场检验检测，配合省级计量中心开展相关客户及关口的现场检验检测；负责故障、异常或客户投诉计量器具的检定、检测比对、技术分析；负责运行计量装置抽检等。

（3）采集运维班。负责管辖范围内客户、关口用电采集设备投运前管理、采集系统运维与监控、系统调试、采集终端和本地通信信道维护、故障处理等；负责电力负荷管理终端、中继站调试、终端及通信信道运行维护与故障处理；负责执行有序用电方案等。

（4）资产班。负责计量库房管理，接收省级计量中心配送的计量设备并向下级库房配送计量设备，负责计量设备的派发、回收、报废等。

3.2 省级计量中心电能计量资产管理

3.2.1 招标采购管理

省级计量中心管理的电能计量类物资，主要包括电能表、采集终端、低压电流互感器、低压微型断路器、封印、表箱和通信单元等物资，招标方式主要分为集中招标和自主招标两种。

（1）招标量测算。电网公司根据工作安排每年会统一组织一次或多次招标，招标量的测算一般分为省级电力公司营销部统一测算和各地市（县）供电公司分别测算两级，按照本次需招标量等于当前至未来某特定时间点的总需求量减去当前剩余可用量的方式测算，招标量测算时还需考虑电网公司下达的综合计划、可用库存（包含未采购量、已到货未配量、历史剩余未配送量等）等因素。

（2）招标申报。招标申报工作一般由省级电力公司物资公司或省级计量中心完成，报送操作在信息系统内进行。报送人员应根据测算的招标量，按照每批招标时发布的相关要求进行物资品类选择，系统物料对应，系统申请提报和审批，最后由物资部门组织招标。

（3）招标结果处理。招标结果发布后，省级计量中心应做好供货前准备工作，一是跟踪合同（协议）签订情况，掌握物资流程进度，必要时可与供应商进行技术规范的再次确认；二是联系供应商进行样品准备，尽快开展供货前的全性能试验、流水线适应性检测等工作。

（4）招标技术管理。在招标结果发布后，省级计量中心可联系中标企业召开供应商联络会，通过此次会议确认技术协议要求、供应商送样测试（主要指供货前全性能试验）时间、送样数量以及相关注意事项。每一个批次的电能计量设备的技术协议由省级计量中心编写，省级电力公司营销部审核后形成最终稿。

3.2.2 需求计划管理

电能计量资产需求计划管理应逐步建立科学的需求测算模型，提高需求计划制订的科学性和准确性，可用需求计划准确率指标进行评价，需求计划准确率＝本月出装数量/（上月盘点库存＋本月需求到货数量－本月合理库存）×100％。

省级计量中心在需求计划管理中主要涉及需求预测、计划收集、平衡、审批下达等环节。在拟订需求计划时一方面应充分考虑计量设备运行状况以及新建、扩建、技术改造、工程改造等各类项目的资产需求数量和种类，结合需求紧急程度，保证报送数量和种类完整、充足，同时避免需求过大造成超期库存的产生。另一方面应考虑检定线生产能力、芯片策略、计量器具配套使用比例、工程建设进度等因素复核年度计划并进行优化调整。

3.2.3 订货管理

订货管理工作主要包括订单下达、订单执行、订单验收三个环节。

（1）订单下达。订单下达量应符合合同规定的执行时间、执行比例等条款的要求。

（2）订单执行。订单执行过程应注意供货进度与生产配送进度的匹配。完成订货后，省级计量中心需对供货进度进行跟踪，及时掌握可能出现的供货偏差信息，并结合供应商实际供货情况调整生产和配送工作安排。供货跟踪按催货力度可采用电话协调、发催货函、约谈、现场监造的四级催货机制。其中，电话协调在供货过程中均可使用；催货函一般在供应商因排产原因出现不能按时供货迹象时采用；在供应商明确表示供货出现困难，需要双方协商时，可对供应商进行约谈，争取按期供货；当供应商受上游元器件供应及产能限制，出现供货风险时，可安排人员进行现场监造，在监督产品质量的同时，最大限度地争取货源。

（3）订单验收。验收时应着重检查到货物资与订单要求的一致性，避免不一致的物资流转到生产检定环节。供应商到货后，省级计量中心一级库房根据订货信息进行实物验收，主要检查到货设备的数量、规格是否与订单一致，包装、标识信息等是否与供货要求相符。通过验收后，根据供应商提供的供货信息（一般为随货配备的光盘）进行资产建档。完成建档的设备，通知技术部门进行抽检。

订单管理可通过"供应商供货及时率"指标进行评价，供应商供货及时率＝按时供货数量/订单要求供货数量×100％，该指标应达到 100％。当供应商出现供货不及时情况影响该指标后，应注意收集催货函、供应商回复函等过程资料，作为供应商绩效评价的支撑材料。

3.2.4 物资仓储管理

物资仓储管理应按照新购货物、检定合格货物、检定不合格货物分类进行管理。

（1）新购货物。新购货物应存放在防潮防污染、温湿度达到存放要求、保证通风、采光良好的库房。有专人负责库房管理工作、有完备的库房安全保障措施、建立库房管理台账，确保做到"先进先出"。新购货物送到省级计量中心后，首先应对新购货物的供货通知编号、厂家、外观、规格、数量等进行开箱验收，核对无误后将该批次货物在信息系统建档并进行数据维护。入库货物应按到货批次核对数量、规格、厂家等信息，记录入库日期。发现外包装损坏、货物受潮、配件差缺等异常情况，应及时做好记录，并立即反馈供应商。货物存放严格实行批次隔离，不同到货批次的货物，不得放置在一起。出库货物应按到货批次做到"先进先出"，并核对数量、规格、厂家等信息，防止差错发生。

（2）合格货物。各类电能计量器具检定合格并加封后，重新组箱组垛进入库房，符合配送条件的合格物资，可通过信息系统查询合格货物情况。

（3）不合格货物。当某一批次的计量设备全部完成检定后，即可对该批次不合格的设备进行退厂操作，退厂时应通知供应商现场核实，双方签订退厂单进行确认。

仓储物资应按规定时限存储，避免存储时间过长引起的设备质量问题。主要指标有"库存超期率"，库存超期率是指每月库存合格电能表的检定日期超过 6 个月以上的比例，该指标应越小越好。库存超期率＝库存表超期数量/库存合格表总量×100％。

3.2.5 配送管理

电能计量资产由省级计量中心一级库房配送到地市（县）供电公司二级库房（或指定配送点）时定义为正向配送，由地市（县）供电公司将计量器具返配送回省级计量中心的流程称为反配送。配送管理应按照正向配送与逆向反配送一体化管理。

（1）省计量中心每月根据需求计划、综合计量中心库存、供电公司需求紧急程度等因素，按照"先进先出"的原则合理安排线路并拟定配送计划。待对应单位的物料出库完毕，核对物料、数量、厂家和批次，与物流服务商办理交接手续。物流服务商根据配送要求在规定时间送达地市（县）供电公司二级库房。供电公司二级库收到计量器具后，根据需求计划和配送单验收货物并履行签字手续，并立即办理入库。如有损坏需当面交接。配送车辆应装有车载视频监控，省级计量中心可实时监控车辆的运行状况。

（2）物流服务商根据每天的配送情况，及时将三方（配送人、到货接收人、承运人）签字的配送单返回省级计量中心配送人员，配送人员按月按供应商分类整理并扫描配送单后归档。

（3）因封印的特殊性，封印必须由供电公司安排人员自行前来领取，领取封印的人员必须是供电公司安排的固定人员，且该人员身份证复印件必须经本单位盖章后备案，方可前来领取。同样办理交接手续并将领用单按时归档。

（4）返配送流程包括新品计量装置返回配送、拆旧计量装置返回配送等。新品计量装置返回配送，主要用于因各种原因导致二级库房存放的新计量装置需要再次检定、返厂维修、破损报废等；拆旧计量装置返回配送主要用于故障鉴定、报废鉴定等。

（5）部分地市（县）供电公司库存物资出现积压或紧缺时，在省计量中心暂时不能满足需求的情况下，可采取供电公司间互调配方式响应需求。该方式下由库存充足单位向需求单位进行实物的转移并完善交接手续，省级计量中心配合完善信息系统资产信息的调整，同时对交接手续进行备案。

3.2.6 回收处置管理

因更换、故障等原因拆回并不具备再利用条件的计量器具应由省计量中心进行技术鉴定，符合报废条件的由物资部门组织开展处置工作。

（1）省级计量中心根据每年计量资产拆换的任务量，于年底提前制定次年年度回收计划，并在次年根据供电公司实际情况按月制定回收计划。

（2）省级计量中心根据月度回收计划开展实物回收工作，供电公司应按照要求将废旧计量器具进行分类存放，分别拍照留存并将相关信息录入信息系统。实物回收工作一般由第三方物流服务商负责，物流服务商回收时当面清点数量以及分类情况，并在规定的交接清单上履行签字手续，按时将回收单交回计量中心实物回收管理部门，并做好回收台账，每月与各供电公司核对，签字盖章确认。

（3）回收工作包括正常拆换资产回收和故障资产回收等，其中正常拆换的旧资产，应按要求在二级库房存放一个以上抄表周期，待解决完可能的电量电费纠纷后再进行回收。故障资产的回收工作一般由供电公司先行将故障设备送回计量中心，计量中心鉴定并分析后，对鉴定属合格表的返还供电公司，而确属故障表的则直接移交计量中心旧资产库房，纳入旧资产统一管理。

3.3 省级计量中心电能计量质量管理

3.3.1 招标测试管理

招标测试管理包含招标前全性能检测、合格样品资料存档等管理。

（1）招标前全性能检测。电网公司统一招标的计量器具，由电网公司电力科学研究院计量中心完成招标前全性能检测。按照供应商自愿送检原则，电网公司计量中心按规定统一收取样品，按照电网公司相关技术标准规定的试验项目和要求对样品进行全性能检测。由省级电力公司招标的电能计量器具，由省级计量中心完成招标前全性能检测。

（2）合格样品资料存档。电网公司计量中心对每个供应商送检合格的计量设备样品进行适当留样，并做好相关信息的登记和存档工作。

（3）电能计量设备主要元器件、内部结构及制造工艺发生变化时，生产商应重新进行送检和备案。

3.3.2 供货前测试管理

招标结果公布后，省级计量中心应及时组织供应商，召开供货前技术联络会。告知供应商质量控制流程、沟通技术标准细节、明确设备参数设置等要求，避免技术歧义导致的"功能性质量问题"，同时，应对供货商控制质量风险提出明确要求，并对供货前测试工作作出安排。

（1）供货前全性能试验。省计量中心主要依据电网公司发布的系列技术规范开展供货前全性能试验。供货前全性能试验的试验项目应与招标前全性能检测项目一致。所有中标的设备均需在全性能试验全部合格以后，才能进行供货。每一个中标批次的设备完成全性能试验以后，应在信息系统中建立系统档案，并留样品进行封存保管。供货前全性能试验应在 40个工作日内完成。供货前全性能试验最多进行 2 次。第一次试验不合格，省级计量中心应立即报告省电力公司营销部，省电力公司营销部通报省电力公司物资部门，由省公司物资部门书面通知供应商整改；整改完成后进行第二次试验，第二次试验仍不合格，经供应商签字确认后，按物资管理规定进行相应处理。合格样品留样 2 只，保存至该中标批次全部供货完毕。

（2）软件备案。供货前全性能试验合格后，应对电能表、采集终端等设备的源程序进行核验与存档，内容应包括软件备案申请、备案材料审查、源程序存档、比对样本（指源程序编译并加密后形成的目标代码）等。

（3）适应性检测。生产前适应性检查依据省级计量中心与供应商签订的技术协议开展测试，主要是根据省计量中心生产检测线，在正式供货前，将供货样品在生产线上完成适应性检测，包括电能表自动拆包、铅封等环节能否顺利完成，设备型式是否满足计量中心生产线要求等。

（4）产品监造。省级电力公司物资部门应根据计量设备供应商中标结果，组织完成供货合同和技术协议签订工作，并视情况组织实施产品监造巡视，省级计量中心作为技术支撑单位需全程参与。监造内容包括生产设备、工艺流程、元器件质量管控、例行检验等内容。省级计量中心派遣专家参与监造巡视，开展样品外观、型式以及内部结构、工艺、主要元器件等信息检查。

3.3.3 到货抽检管理

到货抽检主要包括到货后样品及软件比对、到货后抽样验收试验等环节。

（1）到货后样品比对。到货后样品比对的内容应包括：随机抽取到货设备与供货前全性能试验合格的样品进行外观、型式结构、主要材料、加工工艺、所用元器件等信息比对。到货后样品比对不合格，省级计量中心应立即报告省电力公司营销部，省公司营销部通报物资部门，由物资部门书面通知供应商，按照供货产品批次质量不合格处理。

（2）到货后软件比对。到货后软件比对应在到货后样品比对合格后开展，从到货产品中随机抽取 1～2 只，与电网公司招标前全性能测试合格样品（省公司供货前全性能试验合格样品）的软件版本和程序进行比对，比对结果记录归档，并上传信息系统。

（3）抽样试验。到货后样品与软件比对合格，依据到货抽检技术规范开展到货产品随机抽样试验（到货数量不大于280的到货批次，可以直接进入全检验收试验环节）。抽样验收试验应在规定工作日内完成，并将结果反馈至地市（县）供电公司营销部。到货后抽样验收不合格，省级计量中心应立即报告省电力公司营销部，省公司营销部通报省公司物资部门，由省公司物资部门书面通知供应商，按照供货产品批次质量不合格处理。

3.3.4 全检验收管理

在到货后样品比对、软件比对和抽样验收试验均合格后，按计划开展全检验收试验，对全部到货产品逐一进行检定验收。检定合格的方可进入省级计量中心合格库。省级计量中心应建设电能表自动化检定线、采集设备自动化检定线及采集芯片自动化检定线等全检试验能力，减少验收环节人工干预，提高全检验收的规范性、准确性及检定工作的效率效能。

智能电能表按批次进行全检检定，应根据JJG 596—2012《电子式电能表检定规程》及各电网公司发布的智能电能表系列技术规范等进行检定，检定项目包括外观检查、交流电压试验、潜动试验、起动试验、基本误差、仪表常数试验、载波通信、时钟日计时误差、多功能试验等。

3.3.5 检定质量抽检管理

检定质量抽检是指为了确保全检验收质量符合要求，同时，避免出现人为或检定设备异常等因素造成的批量检定问题等，各省（市）质量技术监督局对省级计量中心全检验收检定合格的计量设备，按批次按比例开展随机复检。检定质量抽检合格则该批设备检定合格，可安排后续配送安装，如复检不合格，该批设备需全部进行再次检定。一般由省质量检测院派专人（或授权）对检定合格的电能表根据JJG 596—2012《电子式电能表检定规程》按批次进行抽检。

3.3.6 电能计量技术监督管理

省级电力公司电能计量技术监督工作由省公司营销部牵头，省级计量中心组织执行。省级计量中心对地市（县）供电公司开展电能计量技术监督检查的内容主要包括：计量装置的设计审查、安装施工、竣工验收、首次检验、周期（状态）检验、异常及故障处理等工作。

（1）设计审查监督。是指省级计量中心定期对地市（县）供电公司新投计量装置设计审查工作的质量进行检查。监督检查的内容涵盖计量点设置、计量方式、接线方式、计量装置配置套数等是否符合技术规范要求，计量装置的功能、规格、准确度等级、互感器二次回路及附件、用电信息采集终端等设计选用是否合理、安装条件是否满足运行要求等。

（2）安装及验收监督。是指省级计量中心对地市（县）供电公司计量装置安装质量进行监督检查，检查是否严格执行电网公司计量现场施工工艺规范，验收项目和档案资料是否齐全，投入运行的计量装置是否检定合格等。其中，安装质量方面，主要监督检查计量箱（柜）、电能表、电流互感器、电压互感器、用电信息采集设备、试验接线盒及计量二次回路安装质量；竣工验收方面，主要监督检查计量装置的计量点设置、计量方式、接线方式，电能表的型号、规格、准确度等级、主副表配置，电压互感器和电流互感器的变比、准确度等级、接线方式、绕组专用性，计量柜（箱）及其他附件选用是否符合要求等。

（3）现场检验监督。是指省级计量中心监督检查地市（县）供电公司，对新投运或改造后的Ⅰ、Ⅱ、Ⅲ类电能计量装置，带负荷运行一个月内，是否开展电能表首次现场检验；是否按照系统编制的电能计量装置周期（状态）检验计划开展现场检验；首检完成率、周期（状态）检验完成率是否达到100%；检验工单纸质记录填写是否规范，信息系统检验数据是否及时正确地维护等。

（4）计量装置异常及故障处理监督。是指省级计量中心监督检查地市（县）供电公司，是否及时处理稽查系统、用电信息采集系统计量在线监测模块、首检、周期（状态）检验等发现的计量装置异常和故障，计量差错处理是否规范、正确等。

3.4 地市（县）供电公司电能计量资产管理

地市（县）供电公司电能计量资产管理主要包括需求计划管理、物资仓储及配送管理、电能计量装置新投管理、运行维护管理、计量装置装拆管理及资产报废管理等。

3.4.1 需求计划管理

地市（县）供电公司首先应明确供电公司各级人员在需求计划报送中的职责，建立规范的报送流程。其次，拟订需求计划时，应充分考虑计量设备运行状况，以及业扩报装、更换、新建、扩建、技改等项目需求和阶段进度，做好下一阶段需求预测，制定综合需求计划。同时，还应充分利用信息系统中设备新投、故障更换、到期轮换、状态更换、工程更换、实时库存、安全库存、需求时间等业务数据，建立需求预测数学模型，辅以人工经验修正，有效提高计划的科学性、准确性。

（1）年度需求计划编制。地市（县）供电公司应建立定期编制计量资产年度计划的流程，明确各级人员职责。每年底前根据省电力公司下达的营销工程计划（包括营销工程、生产工程、农网工程、新增线路、低电压整治、弃管小区等），结合历年业扩数据预测的年度批量及零星安装计划，以及电能计量资产故障、运行年限到期等预测的年度更换计划等，综合考虑二级库年底库存和安全库存，编制计量资产年度需求计划，并经本单位计量专责、营销部领导、分管副总审核批准后，报省级计量中心。

（2）月度需求计划编制。地市（县）供电公司月度需求计划要结合年度需求计划进行编制，重点考虑上月底库存数量、省级计量中心审批通过的到货数量，以及本月出装计划、月底合理库存等因素，原则上确保"上月库存＋本月需求到货数量－本月出装数量＝本月合理库存"。各类电能计量资产的月度合理库存应控制在运行数量的1%～3%。月度需求计划应本供电公司计量专责、营销部领导审批后，报省级计量中心。

（3）临时需求计划编制。因自然灾害等突发事件、业扩计划提前、政府民生工程等原因导致的紧急需求，地市（县）供电公司可根据情况一事一议，单独编制临时需求计划报省级计量中心。临时需求计划需经供电公司计量专责、营销部领导和营销副总审核批准后，报省级计量中心。

3.4.2 物资仓储管理

地市（县）供电公司二级库房应严格执行建设标准、管理标准和作业标准，逐步推进二级库房自动化升级改造，引入自动化立体库、自动化回转库、智能周转箱等智能存储设备，通过二级仓库管理的系统化、智能化、标准化，不断提升计量资产管理精益化水平。

（1）物资入库管理。地市（县）供电公司应及时接收省级计量中心配送的计量器具，进行信息系统入库和实物入库，根据计量设备类别、批次、型号、入库时间等分别上架存放，并进行库位和资产信息标示。电能计量资产入库时，资产管理人员应根据设备技术标准进行验收，并登记、建档。供电公司资产管理员和省级计量中心配送人员均应在资产入库原始交接单上进行信息的签字确认。

（2）物资出库管理。电能计量资产出库应严格遵循"先系统配置后实物领用""按入库时间先进先出"的原则，根据信息系统工单及计量器具配置数据，进行设备派发和领用，领用人员必须是工单指派的工作人员，领用时库房管理人员与设备领用人员双方签字，避免错领、冒领。

（3）物资盘点管理。电能计量资产盘点应根据物资管理的要求做好月度定期盘点、重要物资抽盘等管理。盘点盈亏情况应立即分析，并经分管领导审批后方可执行物资出、入库；盘点后库存数量临近安全库存或低于安全库存的，应及时编制需求计划进行补充，库存数量超过合理库存的，次月应禁止提报需求计划，并及时安排出装，避免物资积压和库存超期；盘点后应及时将待报废的拆旧资产进行报废处置，避免报废不及时造成废旧物资积压。

（4）仓储管理主要指标包括：合理库存率（即每月盘点的库存量符合库存核定量的程度，合理库存率=$\dfrac{库存总数量}{运行总量}\times100\%$）、库存超期率（即库存电能表检定日期超过 6 个月及以上的占比，库存超期率=$\dfrac{库存超期表数量}{库存表总量}\times100\%$）、报废及时率（即拆旧表超过 1 个或以上抄表周期的，应及时报废的比例，报废及时率=$\dfrac{存放一个抄表周期以上的拆旧表数量}{拆旧表总数量}\times100\%$）等。

3.4.3　物资配送管理

地市（县）供电公司物资配送管理应实行正向配送与逆向回收一体化管理。供电公司电能计量二级库新资产配送到各计量班组或供电所时，按照正向配送与逆向回收一体化的策略，在配送新资产交接后，将故障和待报废的拆旧资产返配回二级库，以此综合利用资源，节约配送时间。原则上应定额供电所和各班组资产储备数量，当储备数量低于定额，且信息系统和现场安装信息核对无误后，才允许领用新资产。旧资产按照信息系统更换或拆除工单进行扫描匹配，因现场遗失、烧毁等特殊原因未回收的，需经领导审批后做特殊回库处理。旧资产返配送应及时，原则上存储一个抄表周期后应及时进行报废处置。

3.4.4　电能计量装置新投管理

地市（县）供电公司电能计量装置新投管理，主要应抓好以下环节：

（1）计量方案制定。供电公司在制定新装、增容计量方案，以及制定更名、过户、减容、暂停等计量方案时，应严格执行《供电营业规则》、DL/T 448—2016《电能计量装置技术管理规程》和电网公司电能计量装置通用设计等技术与管理规定。计量管理人员应参与供用电方案复函中计量方案的制定、计量方案设计审查、信息系统计量方案审核等。重点关注计量点（分计量点）设置，电能计量方式（电能表与互感器的接线方式、数量、型号、规格、准确度等级，主副表配置），二次回路及附件选择等信息。此外，还应关注电流互感器是否选用多变比、计量绕组是否接入与计量无关的设备、电能计量柜（箱）选用是否规范、用电信息采集终端的选用方案及安装条件等。

（2）电能计量装置安装。供电公司装表人员应根据信息系统装表工单和领用的电能计量资产，到现场完成计量装置安装。现场作业人员应身体健康、精神状态良好。现场工作负责人必须具备相关工作经验，熟悉电气设备安全知识。工作班成员不得少于 2 人。工作人员必须具备必要的电气专业（或电工基础）知识，掌握本专业作业技能，必须持有上岗证。工作班人员必须熟悉电网公司电力安全工作规程（以下简称《安规》）的相关知识，熟悉现场安全作业要求，并经安规考试合格。在客户电气设备上工作时应由供电公司与客户方进行双许可，并对照工作单对工作内容进行现场检查，确认安全工作措施，断开电源核对信息，按标准化作业卡步骤执行电能计量装置安装。安装完毕后应进行安装质量和接线正确性检查，在条件许可情况下可带电检查。安装结束后进行加封并完善记录，拍照留档，清理终结现场，请客户签字确认，在规定时限内完成信息系统数据维护和工单归档。

（3）电能计量装置验收。验收评价标准按照 DL/T 448—2016《电能计量装置技术管理规程》、电网公司电能计量装置通用设计规范和电能计量装置竣工验收标准化作业指导书等执行。竣工验收内容及项目包括：计量点设置、电能计量方式是否符合要求；电能表、电流互感器和电压互感器等设备的规格型号、准确度等级、接线方式等参数，是否和供用电方案复函及设计审查意见一致；电流互感器和电压互感器是否专用或采用专用计量绕组；220kV及以上专线客户是否设置主副表，是否一表配置一联合接线盒；高压电流互感器和电压互感器计量二次回路、计量屏柜外壳等是否按照规程要求可靠接地，二次回路导线截面是否符合要求，电能计量装置安装工艺质量是否符合有关标准要求等；电能表、试验接线盒、端子排、计量二次回路是否有明显标识或编号，计量二次电缆是否编号等；电能计量装置外观质量是否受损；电能表、互感器的安装位置及其一、二次回路接线情况是否与设计、竣工图一致；检验二次回路中间触点、熔断器、试验接线盒的接触情况；检查电能表以及其他设备所需辅助电源是否符合要求；现场是否满足选用终端或采集设备的安装条件，开展电能表通信方式配置和远程调通测试等；技术资料是否正确齐备，包括供用电方案复函，设计审查会议纪要，电能计量装置施工设计图、竣工图（含展开图和安装图），一次、二次接线图，电压、电流互感器安装使用说明书（重点关注 GIS 电压互感器和电流互感器，通过调整一次、二次绕组接线改变计量变比的电流互感器、电容式电压互感器等设备），法定计量检定机构出具的室内检定报告（检定合格证）或现场检验报告，电压、电流互感器出厂检验报告，电压、电流互感器二次回路通电试验报告等；客户资产信息是否和信息系统数据一致，包括户名、合同账号、地址、计量方式、接线方式、倍率、互感器条码号、互感器变比、封印、电能表基础信息等。

3.4.5　电能计量装置运行维护管理

电能计量装置运行维护包括投运后电能计量装置的首次现场检验、周期（状态）检验、运行抽检、远程巡检、在线监测、故障或异常处理等。地市（县）供电公司应按照信息系统生成的计量装置首检和周期（状态）检验等计划，开展计量装置现场检验工作。并依托用电信息采集、稽查监控等系统对计量装置运行情况进行监控，监控方式分为两种，一是系统后台按计划自动实施远程巡检，发现故障异常及时处理；二是实行计量装置在线实时召测，保证第一时间发现故障异常及时处理。

（1）计量装置首次检验。首检任务在高压客户新装、换装归档或关口计量装置投运归档后，立即由信息系统自动生成。首检任务生成后，由计量专责或检验检测班班长在信息系统进行现场检验派工。现场检验人员在接到派工任务后，及时在信息系统中下载现场检验参数，开展现场检验，并将现场检验结果录入信息系统。

可根据首检完成率和首检合格率来评价首检工作开展情况。首检完成率是指电能计量器具投入运行后，首次检验实际完成的数量与计划完成的数量的比值，首检完成率 $=\dfrac{首检完成量}{首检计划量}\times100\%$；首检合格率是指在电能计量器具投入运行后的首次检验中，检验合格的数量与检验总量的比值，首检合格率 $=\dfrac{首检合格量}{首检总量}\times100\%$。

（2）计量装置周期检验和状态检验。安装在现场的Ⅲ类及以上电能计量装置按规程应开展现场检验，检验周期严格按照 DL/T 448—2016《电能计量装置技术管理规程》的规定执行。也可应用现代检测技术、通信技术、大数据技术等，建立电能计量装置管理和运行数据库，结合设备运行工况的在线监测和动态分析，逐步实施电能计量装置状态检验管理。供电公司可根据用电信息采集系统在线监测数据、计量中心检验检测数据以及营销业务系统计量装置的运行年限、故障更换数据、现场检验数据等，建立计量设备状态评估模型，按评价结果制定状态检验计划，有针对性地开展设备现场检验工作。

周期检验的实施是按照年度制定的客户和关口电能计量装置周检计划分解到月度，每月初在信息系统中适当调整后实施。月度周检任务由信息系统进行现场检验派工，打印现场检验工单。现场检验人员接到派工任务后，及时在信息系统下载现场检验设备信息，开展现场检验并将检验结果录入信息系统。

状态检验的实施是按照"电能计量装置状态检验系统"每月自动对全量运行设备开展设备状态评估，结合现场检验策略，信息系统自动生成状态检验计划。现场检验班班长根据状态检验计划派工，现场检验人员根据状态评估结果针对性开展现场验证检测，并及时将检测结果上传信息系统。

周期（状态）检验工作可由以下指标进行评价：

1）周检（状态检验）计划完成率：指电能计量器具投入运行后，周检（状态检验）实际完成的数量与计划完成的数量的比值。

$$周检（状态检验）计划完成率 =\dfrac{周检（状态检验）完成量}{周检（状态检验）计划量}\times100\%$$

2）周检（状态检验）合格率：指在电能计量器具投入运行后的每次周检（状态检验）中，检验合格的数量与检验总量的比值。

$$周检（状态检验）合格率 =\dfrac{周检（状态检验）合格量}{周检（状态检验）总量}\times100\%$$

（3）计量装置运行抽检。根据计量装置运行情况，省级计量中心每年年初制定运行表年度抽检计划，并下达地市（县）供电公司。年度运行抽检主要针对运行年限为1、3、5、8等年份的电能表按比例开展抽样。

地市（县）供电公司对抽样电能表开展现场检验或更换后送计量中心开展室内检定。现场检验、室内检定应分别进行派工。其中，现场检验部分，只需完成现场检验并将检验数据录入信息系统并信息归档；室内检定抽检部分，需依次完成制定方案、配表、安装派工、装拆表、拆表室内检定返配送等流程。

省级计量中心应根据地市（县）供电公司现场检验数据及计量中心室内检定数据，开展多维度的横向、纵向检测数据分析，及时发现计量装置超差、故障异常等情况，积极发挥运行抽检的质量管控作用。

（4）客户申请校验。用电客户对贸易结算电能计量装置的准确性质疑时，可向地市（县）供电公司提出检定申请。供电公司接到申请后应在五个工作日内完成检验并出具检测结果。如被检电能表合格，按照物价局规定的收费标准收取检验费；如检定不合格，不收取检验费，同时按供电营业规则进行电量电费补退。用户对检验结果还存异议，可向省（市）质量技术监督局计量检定机构申请检定。用户在申请验表期间，其电费仍应按期交纳，待验表结果确认后，再行电量电费补退。

受理客户计费电能表校验申请后，应严格执行信息系统电能表申校工作流程，加强环节管控：

1）接到客户质疑投诉或咨询后，地市（县）供电公司应首先排查抄表差错，开展现场用电检查，核查信息系统中电能表序列号与现场实物是否一致，排查安装接线问题，排除窃电、家用电器漏电等情况，同时综合气温变化、节假日用电以及抄表周期等因素进行分析，切实排除供电公司内部工作质量和客户不了解用电实际情况而引发的咨询或投诉。上述排查解释工作后，客户仍持质疑态度提出校表的，应与用户协调确定现场检验时间，启动信息系统申校流程。

2）信息系统客户申校流程启动后，检验检测班在接到信息系统校验工单后，应严格按照2个工作日内完成的时限要求，完成现场检验。若需要拆表进行室内检定的，供电公司还应同步完成现场拆换表及拆表送达计量中心等操作，同步维护信息系统数据。计量中心接到送检表后应严格执行2个工作日内出具检测结果的时限要求，及时开展室内检定，并完成信息系统数据维护。

3）信息系统申校工单传递和送检表实物传递应一致，避免出现系统室内检定工单已经传递到计量中心，而申校表实物还未送达计量中心，无法开展室内检定，造成申校流程超时等。

3.4.6　电能计量装置装、拆管理

营销业务中电力增（减）容、改压、迁址、分户、并户、移表，以及电能计量装置周期（状态）更换、工程更换、故障更换等流程涉均会涉及电能计量装置装拆作业。一是应在信息系统规定的考核时限完成电能计量装置装拆；二是应按照标准化作业指导书/卡的要求规范执行现场作业，防范现场作业安全风险；三是电能计量装置装拆工艺应符合技术规程要

求，接线正确、布线整齐美观、连接牢靠、导线无损伤、绝缘良好；四是为满足优质服务的要求，换装底度等信息应及时告知客户，换装时间控制在规定时限范围内，避免引发客户投诉。同时，严控工作质量，确保现场接线及系统数据维护正确，杜绝营销差错，避免电费损失。

所有计量装置装拆业务涉及电能表更换时，需对拆旧电能表进行现场拍照，照片中条形码（表号）和止度等重要信息要清晰可见。不同的计量装置装拆业务应对应信息系统指定业务流程，不得混用或采用其他流程代替。如客户申请校验电能表业务，在信息系统中只能通过"申请校验流程"实现；电能表运行抽检业务，在信息系统中只能通过"电能表抽检流程"实现；电能计量装置周期（状态）更换业务，在信息系统中只能通过"周期（状态）更换流程"实现；贸易结算电能计量装置故障更换业务，在信息系统中只能通过"计量装置故障流程"实现；关口电能计量装置故障更换业务，在信息系统中只能通过"关口计量异常处理流程"实现；营销工程换装业务，在信息系统中只能通过"电能计量装置改造工程流程"实现。

（1）周期（状态）更换及工程改造更换。地市（县）供电公司应在信息系统中编制周期更换、状态更换、工程改造等计划，制定更换方案（包括电能表、互感器等），确定新的电能计量器具规格等。资产班根据方案，派发对应规格的电能表、互感器等设备，并将设备条码录入系统；装表班在信息系统进行安装派工，打印换表工单；资产班将所配备的计量装置移交给现场安装人员，打印并填写设备领用表，与现场安装人员签字确认领用；装表班人员完成计量设备现场装拆，核对所装设备接线、电能表起止度、封印等信息；资产班核对装表人员交回的旧表信息并与系统信息比对，一致后进行旧表回库和资料归档。

（2）故障更换。发现运行电能表故障后，地市（县）供电公司应在 24h 内完成故障电能表更换工作。做好故障电能表信息登记、拍照保存、实物回库等工作，同时，编制故障电能表送计量中心鉴定期间，客户对故障电能表咨询、查询等情况的处理方案。

供电公司资产班应定期将故障电能表实物送至计量中心开展故障鉴定。送样前应将每只故障电能表粘贴上故障信息标签，送样时提交与实物对应的纸质报表，经双方签字确认后进行实物移交。

对于鉴定结果为非故障的电能表，由计量中心进行二次检定，二次检定合格后由计量中心在信息系统中修改资产状态（变更为合格在库），供电公司资产班人员在规定时间内，按照资产产权归属（原表号回原单位）领取二次检定合格表。

对于鉴定结果为故障的电能表或二次检定不合格的电能表，处于质保期内的，由计量中心通知生产厂家到实验室核实电能表的故障现象和故障时间，双方签字确认，扣除质保金。

所有鉴定结果为故障或二次检定不合格的供电公司送检表，计量中心将定期出具清单，各供电公司资产班根据清单在信息系统中完成故障资产反配送计量中心操作（实物不用领回），计量中心收到反配送信息后进行实物和系统的报废处理。

3.4.7 电能计量资产报废管理

电能计量资产报废管理主要是指对达到报废条件、属于淘汰技术不能继续使用的计量资产等，提出报废申请，通过技术鉴定，履行审批程序执行报废处理。地市（县）供电公司应利用信息系统，对故障更换、周期（状态）更换、工程更换等拆旧电能计量资产，及时回收入库，系统根据回收时间超过一个抄表周期的限制，自动生成报废计划，经相关人员审核后，上传到省级计量中心生产调度平台。平台根据各供电公司报废计划，制定报废回收方案并排定回收时间，此后，计量中心需对收回的废旧计量资产开展报废鉴定。

通过信息系统监控计量资产报废处理，可有效防范计量资产违规外流，保证废旧计量资产处理的及时性和规范性。

3.4.8 电能计量故障、差错调查处理

电能计量故障、差错指在电能计量工作中，因设备故障或人员责任发生的各类故障、差错，包括：①工作人员在装表、换表、现场检验、故障处理等工作中造成的计量装置接线错误或运行异常，导致计量不准确；②工作人员在设计审查、安装施工、竣工验收、现场检验、信息系统数据录入等环节，发生计量倍率错误，导致电能计量出现差错；③未及时发现计量装置异常，未及时上报有关部门，造成计量差错扩大；④工作人员参加设计审查、竣工验收、投运未及时发现问题，导致计量不准确，经认定存在差错的；⑤工作人员违反规定或越权对计量装置进行装拆移换，造成计量不准确；⑥未按规程规定对计量器具进行检定，造成计量不准确；⑦电子式电能表编程和密钥错误，造成计量不准确或存在差错；⑧计量标准量值传递出现差错引起工作计量器具检定失准等。发生电能计量故障、差错应严格按照电网公司电能计量故障、差错调查处理规定等制度办法进行处理。

按照电网公司电能计量故障、差错调查处理规定，电能计量故障、差错分为设备故障和人为差错两大类。按其性质、差错电量、经济损失及造成的影响，设备故障分为重大设备故障、一般设备故障、障碍；人为差错分为重大人为差错、一般人为差错、轻微人为差错。

客户报修、周期（状态）检验、日常巡视、用电检查、远程监测等过程中发现电能计量故障、差错，由负责电能计量装置运维的供电公司按资产归属和管理层级组织处理和上报。报告内容包括故障、差错发生的单位、时间、地点、经过、影响电量、设备损坏情况以及故障、差错原因的初步判断等内容。若发生电能计量重大设备故障、重大人为差错的，供电单位应立即向省电力公司营销部计量处上报《电能计量重大设备故障、重大人为差错快报》。

发生故障、差错的供电公司应制定措施，防止同类故障、差错再次发生。故障、差错处理要落实责任部门、人员和完成时间等。故障、差错责任确定后，应本着实事求是和"四不放过"的原则，按照人事管理权限对故障、差错责任单位和人员提出处罚意见，根据公司相关奖惩规定，结合各单位实际情况确定处罚金额。在调查中严禁弄虚作假、隐瞒真相或以各种方式进行阻挠，故障、差错发生后隐瞒不报、谎报或故意迟延不报、故意破坏现场、无正当理由拒绝接受调查、拒绝提供有关情况和资料的应给予严厉处罚。

3.5 地市（县）供电公司电能计量班组管理

地市（县）供电公司应逐步健全和完善电能计量班组的业务管理制度，管理制度应具有可行性和可操作性，明确电能计量各班组业务职责、工作内容、工作评价与考核标准，不断提升管理的规范性。同时，应不断完善电能计量班组业务审核、审批流程，尤其对业务执行中异常处理机制，应保证上、下环节衔接的畅通和严谨。此外，及时开展阶段性工作总结，

分析计量指标完成情况，针对性整改提升，实现业务闭环管理。

地市（县）供电公司电能计量班组主要有装表接电班、采集运维班、检验检测班、资产班等。各建制班组应认真记录班组台账资料（见附录 1～附录 4），业务工单或工作记录的格式要统一、信息填写应规范完整。

3.5.1 装表接电班管理

装表接电班应严格按照信息系统流转的工单，执行装、拆、移、换作业。现场作业需要用到的各类线材、表箱、电能计量器具等应按系统工单列明的种类和数量，经业务审核、审批后领料，确保零星或批量装、拆、移、换业务执行无误。

现场作业前应进行现场查勘（最好记录有查勘照片等），完善工作任务单、工作票、标准化作业卡。工作内容填写要具体明确，针对具体的作业现场、作业条件和作业范围进行切合实际的危险点分析和安全防范措施填写。

电能计量装置现场安装应严格执行标准化作业卡，计量装置安装工艺满足 DL/T 825—2002《电能计量装置安装接线规则》等技术规范的要求，张贴计量装置标识标签，及时在信息系统中录入起止度、封印等信息。新装计量装置应拍照留档，更换的旧表也应对电表止度等信息进行拍照，并建立电子标示，便于信息传递与核查。

所有的装、拆、移、换作业中发现的异常和问题，要有明确的信息登记和业务传递处理流程，并跟踪处理结果，形成闭环。

加强电能计量装置装、拆、移、换作业的安全工器具配备及管理。个人工器具及便携式仪器仪表（如钳形万用表、相序表等）应配置齐全。便携式仪器仪表应按照要求开展首检和定检。

应完善装表接电实训室建设，开展装表接电相关的培训工作。

装表接电班班长应按月对班组工作情况进行总结和分析，填报业务报表并向计量专责进行工作汇报。

3.5.2 检验检测班管理

检验检测班应严格按照 DL/T 448—2016《电能计量装置技术管理规程》、电能计量装置设计审查及竣工验收管理规定等，执行新投计量装置的设计审查和竣工验收，确保新投计量装置配置合格率达到 100%。

所有计量设备现场首次检验、周期检验、状态检验及客户申请的临时检验，都需要根据信息系统任务单、95598 工单、各级领导审批单等，按要求开展现场检验工作，同时注意设备时钟的检查和对时，发现问题及时上报并处理。

现场检验作业前需完善工作任务单、工作票、标准化作业卡。工作内容填写要清晰明了，针对具体的作业现场、作业条件和作业范围进行切合实际的危险点分析和安全防范措施填写。

现场检验人员应不断提升业务技能，强化作业人员的操作技能，开展相关的培训工作，检验工单信息记录应完整、规范、准确。对现场检验发现的问题要有记录、处理情况登记等，业务要闭环管理，充分发挥检验监督作用。

应完善现场检验设备的配置和管理，保证现场检验仪等设备配置齐全，并按要求进行管理，保证三相现场检验仪、单相现场检验仪等现场检验设备按时送检，在合格有效期内使用。

现场检验后，应按时完成信息系统检验数据维护。检验检测班班长应按月对班组工作情况进行总结和分析，填报业务报表，并向计量专责进行工作汇报。

3.5.3 采集运维班管理

采集运维班应充分运用用电信息采集系统，对计量及采集设备运行状况进行远程监测，及时发现问题，并跟踪问题处理结果，形成日通报制度，以及时总结经验指导下一步的工作。

作业前需完善工作任务单、工作票、标准化作业卡。工作内容填写要清晰明了，针对具体的作业现场、作业条件和作业范围进行切合实际的危险点分析和安全防范措施填写。

应建立采集运维人员的培训机制，强化采集运维人员的操作技能。

采集运维班班长应按月对班组工作情况进行总结和分析，填报业务报表，并向计量专责进行工作汇报。

3.5.4 资产班管理

资产班应严格执行电能计量资产管理标准，开展库房标准化、自动化建设。保证库房环境具有通风、防尘、防潮、防腐蚀、防水等专用设施。库房应配置货架、周转箱等，各类资产应分类存放、定置管理。计量资产必须见工单再行派发，严格执行先进先出原则。计量装置应使用专用周转设备配送至安装现场，采取必要的防震、防尘、防雨、防腐蚀等措施。

应加强出装情况的系统核查，对零星和批量更换业务的旧表拍照留底，并建立电子档案。

资产班班长应按月对班组工作情况进行总结和分析，填报业务报表并向计量专责进行工作汇报。

4　省级计量中心电能计量管理信息系统

电能计量管理信息系统作为提供电能计量的信息源头，对电能计量管理起着至关重要的作用。省级计量中心电能计量业务，主要通过建设省级计量中心生产平台来实现计量业务精益化管理。该平台结合软件技术、自动化检定技术、智能化仓储技术、物流化配送技术、现场生产监控技术，实现计量设备的集中检定、集中仓储、统一配送、统一监督，为省级计量中心生产、经营、管理提供技术支撑，最终达到"整体式授权、自动化检定、智能化仓储、物流化配送"。

平台系统由生产运行管理、产品质量监督、技术服务等业务功能模块组成，与自动化检定、智能化仓储、营销业务、用电信息采集等系统实现信息交互，增强电能计量工作的管控力和影响力，实现计量资产全寿命管理、生产运行全过程管控、质量监督全范围覆盖，进一步健全计量体系，保障计量量值传递的准确性、可靠性。

4.1　采购管理模块

采购管理模块可实现功能如表 4-1 所示。

表 4-1　　　　　　　　　　　　采购模块主要功能表

主菜单功能	子菜单功能
维护招标结果信息	招标批次维护
	招标结果信息查询
维护合同信息	合同信息维护
订货	编制设备订货清单
	设备订货清单查询
	订货单关联到货计划查询
到货计划	编制到货计划
	到货计划查询

4.1.1　维护招标结果信息

可以进行招标批次维护、查看招标结果信息；可以维护招标结果信息，记录跟踪招标执行情况等。

点击"增加"按钮，填写"招标批次号""招标批次名称""招标年份""招标批次类别""设备类别""招标计划编号"以及"备注"，完成招标批次信息录入。系统允许批量导入招标结果信息（见图 4-1），点击招标结果信息列表中的"批量导入"按钮，选择编辑好的文件，点击"导入"按钮，即可完成招标结果信息的批量导入。

图 4-1　维护招标结果

点击"修改"按钮，可对"招标批次号""招标批次名称""招标年份""招标批次类别""设备类别""招标计划编号"以及"备注"信息进行修改，亦可对"招标结果信息"和"附件信息"进行修改后保存。

点击"删除"按钮，删除选中的招标批次信息，选择"取消"放弃删除操作。

点击"明细"按钮，显示招标批次信息明细。

点击"打印"按钮，可以打印选中的招标批次信息。

点击"导出"按钮，可以导出选中的招标批次信息。

4.1.2　维护合同信息

维护与供应商签订的合同信息、技术协议信息等（见图 4-2）。

图 4-2　维护合同信息

新增信息：点击"增加"按钮，填写"合同编号""合同名称""合同货物""项目名称""供应商""合同签订日期""资金来源""签订方式""要求到货日期""合同开始/结束日期"，选择"招标批次号"内容，进行保存。点击"合同及附加协议"，可上传合同材料附件等信息。

修改信息：点击"修改"按钮，可对"合同基本信息""合同及附加协议"内容进行修改并保存。

删除信息：点击"删除"按钮，删除选中的合同信息，选择"取消"放弃删除操作。

查看明细：点击"明细"按钮，显示"合同基本信息""合同明细信息"以及"合同附加协议"等信息。

合同生效：点击"合同生效"按钮，将合同状态改为"生效"。

4.1.3 订货管理

根据合同信息编制设备订货清单，审批通过后，将设备订货清单提交给采购部门或供应商，执行具体的订货工作，同时提供设备的预支资产编号段范围；根据订单中购置需求数量、到货时限要求等跟踪到货信息，督促采购部门或供应商供货；综合考虑配送需求、中心库存、验收能力等因素，订货清单可拆分成不同到货批次。

（1）编制设备订货清单。点击"增加"按钮，添加"订单所属""合同编号"等信息，系统将自动根据选择的"合同编号"显示供应商信息。同时，填写"要求到货日期""接货人"以及"接货单位"等信息。

点击"修改"按钮，可对"要求到货日期""接货人""接货单位""联系电话""接货地址"以及"备注"信息进行修改，点击"保存"，将保存修改后的信息。

点击"删除"按钮，"确定"删除选中的订货单信息。

点击"发送"按钮，将订货单信息发送审核，发送后的订单状态为"待审核"。

选择"订货清单查询"，可设置"订货单编号""供应商""到货开始/结束日期""合同编号""招标批次号""计划状态"等查询条件，进行订货单信息查询（见图4-3）。

图4-3　编制设备订货清单

（2）设备订货清单查询。系统提供已经制定的订货清单的查询，可以查看订货清单的详细信息（见图4-4）。

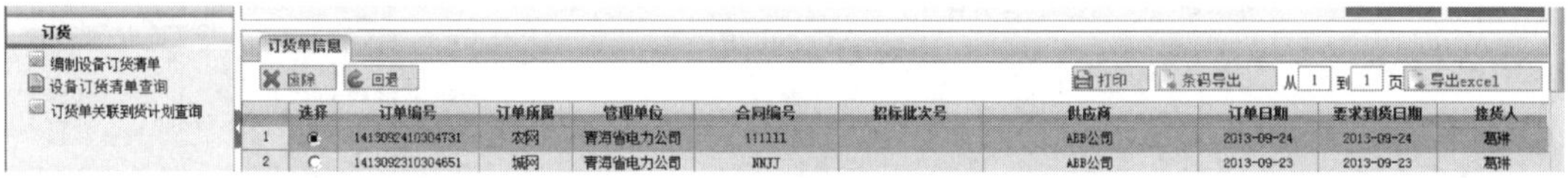

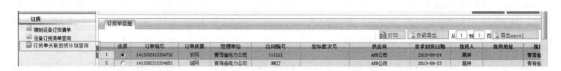

图4-4　设备订货清单查询

（3）订货单关联到货计划查询。可根据合同编号直接查询到货计划信息（见图4-5）。

图4-5　订货单关联到货计划查询

4.1.4 到货计划管理

到货计划是根据订货执行情况、库存信息、配送计划等信息制定当月的到货计划。如果月度到货计划不能满足生产需要，可以再编制临时到货计划（见图4-6）。

图 4-6　到货计划管理

新增信息：点击"增加"按钮，在"到货计划基本信息"中填写"到货计划年月""设备类别""备注"等信息，进行保存。在订货单明细列表中选择一条订货记录，点击"添加"按钮，把关联信息添加到"到货计划明细信息"中。

修改信息：点击"修改"按钮，可对"到货计划年月""设备类别"及"备注"信息进行修改，点击"保存"。在"到货计划明细信息"中可对"供货数量"和"要求到货时间"进行修改，点击"保存"。

删除信息：点击"删除"按钮，"确定"删除选中的订货单信息，选择"取消"放弃删除操作。

发送信息：点击"发送"按钮，将订货单信息发送到"待办"中的审核环节，发送后的订单状态为"待审核"。

批量发送：点击"批量发送"按钮，将多条订单信息发送到审核环节。

4.2　验收管理

验收管理可实现功能如表 4-2 所示。

表 4-2　　　　　　　　　　　　　验收管理主要功能表

主菜单功能	子菜单功能
供货前检验	供货前检验通知
	结果处理
供货通知	编制供货通知
到货登记	设备登记
	开箱检验
到货后样品比对	制定样品对比任务
	结果处理
到货后抽检验收	制定抽检任务
	结果处理
退换处理	接收/制定退换任务
	跟踪处理

4.2.1　供货前检验

供货前检验是指按照合同（技术协议）的要求，在新购设备发货前，对所招标批次设备抽取样品，进行供货前的样品比对和全性能试验，根据检验结论决定是否允许该招标批次供货（见图 4-7）。

图 4-7 供货前检验

点击"供货前检验通知"，在合同列表中选择一条需要进行供货前检验的合同信息，填写抽样日期、检验方式、通知送样方案等。

点击"生成检定任务单"，填写相应信息后，点击"发送"，即可将此供货前检验订单发送到供货前检验流程。

点击"结果处理"，选定完成的检定任务单。系统能够根据此订单检定结果打印整改通知单或者打印发货通知单。

4.2.2 供货通知

供货通知是根据省级计量中心实际需求情况（参考当前库存、配送计划）分解到货计划，编制供货通知单发给供应商（见图 4-8）。

图 4-8 供货通知

点击"新增"，选择一条到货计划后，点击"保存"，即完成供货通知信息的新建。选择新增的供货通知记录，点击"下发通知"，即可完成该供货通知的下发，为到货登记流程提供数据。

4.2.3 到货登记

新购（或整批退换返回）的设备到货后进行登记，建立档案信息（见图 4-9）。

图 4-9 到货登记

点击"增加"，输入设备信息后保存。

完成到货登记信息新增之后，选择新增的到货登记记录点击"发送"，即发送到开箱检验流程，点击"开箱检验"，可以查看开箱检验信息（见图 4-10）。

图 4-10　开箱检验

点击"新购暂管入库",选择入库方式,选择库房库区,点击"全部入库",点击"发送任务",进入配送入库(见图 4-11)。

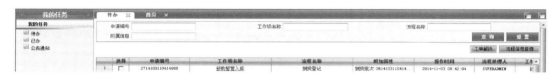

图 4-11　配送入库

4.2.4　到货后样品比对

到货后样品比对是对到货后设备与封样样品的比对工作进行管理。按照合同(技术协议)要求,从到货设备中抽取样品与封样样品进行比对,不合格的进行整批退换。如果不是智能表,则跳过到到货后样品比对、抽检、性能试验环节,直接进行全检。如果是智能表,当到货批次数量小于等于 280 只,建议抽样验收试验为选做。

点击"制定样品比对任务",进入制定样品比对任务(见图 4-12)。

图 4-12　制定样品比对任务

选择检定方式,检定方案,任务开始时间等,点击"保存"(见图 4-13)。

图 4-13　制定检定方案

点击"接受任务(样品比对)—电能表",进入接受检定任务单(见图 4-14)。

图 4-14　接受(样品比对)任务

在检定任务单页面，点击"发送"（见图4-15）。

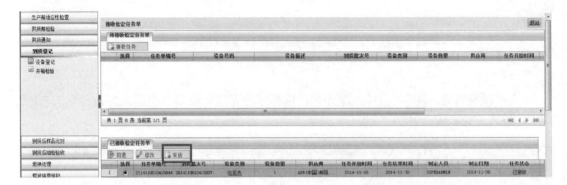

图4-15　发送检定任务

点击"任务分配"，接收检定任务（见图4-16）。

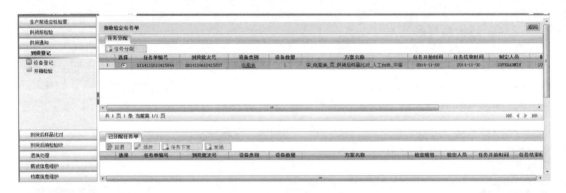

图4-16　接收检定任务

填写检定班组、人员，分配检定任务（见图4-17）。

图4-17　分配检定任务

填写选择检定线（台）等信息（见图4-18）。

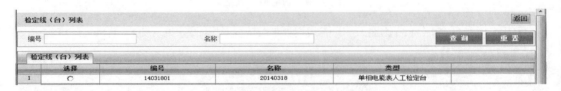

图4-18　选择检定线（台）

点击"样品比对出库",进入待办出库任务列表。点击"平库出库"（根据需要选择出库方式）输入条形码（见图4-19）。

图 4-19　样品比对出库

点击"样品比对供货后"进入检定任务（见图4-20）。

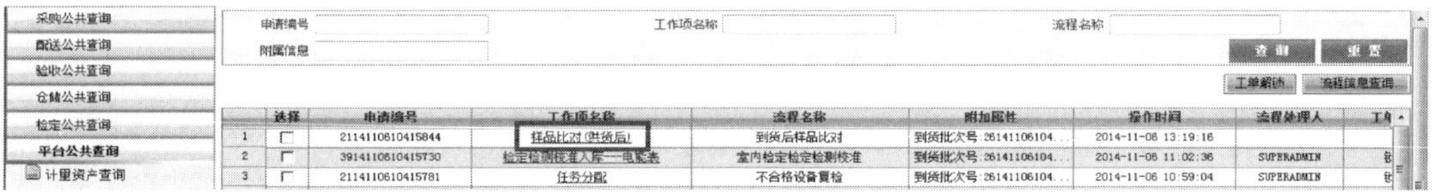

图 4-20　供货后样品比对

点击"结果录入",增加样品比对结果,选择样品编号、检验人、各项是否合格,点击"保存"（见图4-21）。

图 4-21　样品比对结果录入

点击"样品比对结果分析",可查看样品比对结果（见图4-22）。

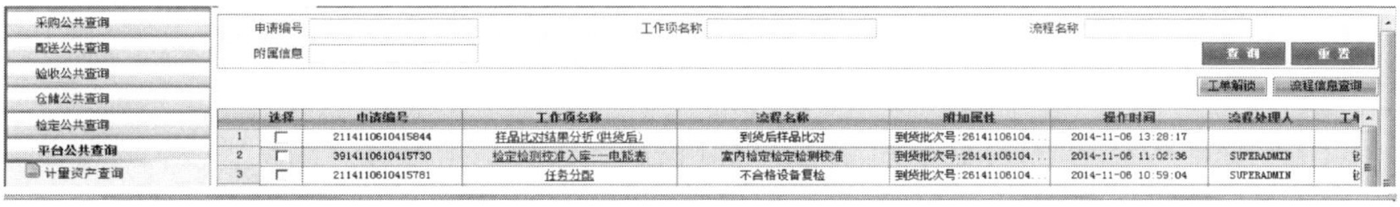

图 4-22　样品比对结果分析

点击"样品比对入库（供货后）",选择库房、库区,点击"全部入库"（见图4-23）。

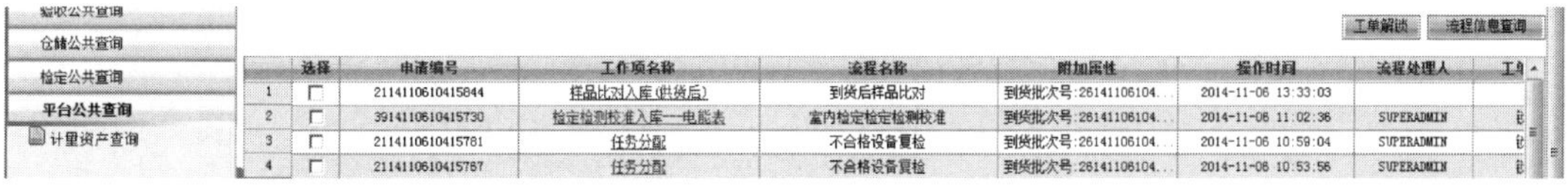

图 4-23　样品比对入库

4.2.5 到货后抽检验收

到货后抽检验收是对到货后设备的抽检验收工作进行管理。按照合同（技术协议）要求，根据抽样方案从到货设备中抽取样品进行抽检验收，验收合格则该批次入库，验收不合格则该批次退换。

点击"制定抽检任务"，选择抽检和性能试验的检定信息、检定方式、检定方案、检定数量、检定时间等（见图4-24）。

图 4-24　制定抽检任务

先点击"抽样检定/检测接受任务"，进入接收检定任务单，点击"接收任务""发送"（见图4-25）。

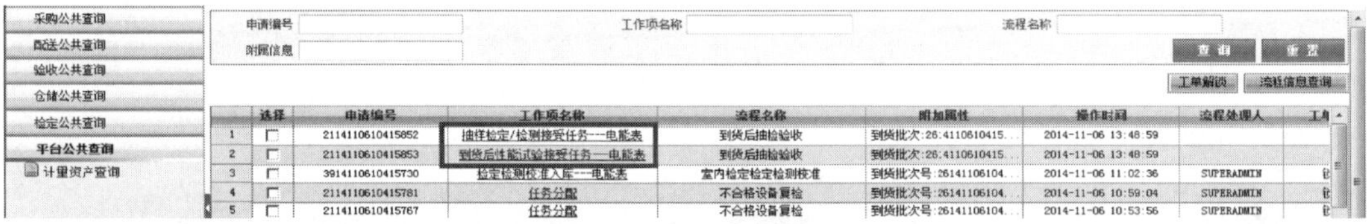

图 4-25　抽样检定/检测接受任务

点击"抽样任务分配"进入任务分配，输入分配数量，点击"分配任务"（见图4-26）。

图 4-26　抽样任务分配

点击"抽样检定/检测人工"进入检定检测校准，选择检定台体，确认下发，选择"抽样检定出库"，选择"平库出库"，输入条形码，点击"全部出库""发送任务"（见图4-27）。

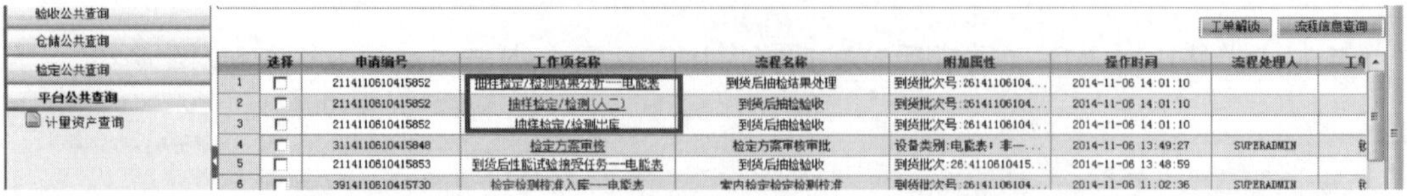

图 4-27　抽样检定/检测人工及抽样检定出库

点击"抽样检定/检测人工"进入检定检测校准，点击"结果录入"，选择设备列表中的设备，选择检验人、温度、湿度、各个检定项是否合格等（见图4-28）。

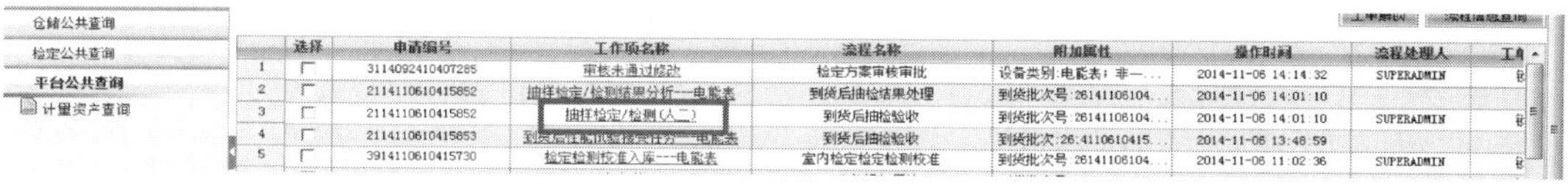

图 4-28　抽样检定/检测人工结果录入

选择"抽样检定入库"，选择库房、库区（见图4-29）。

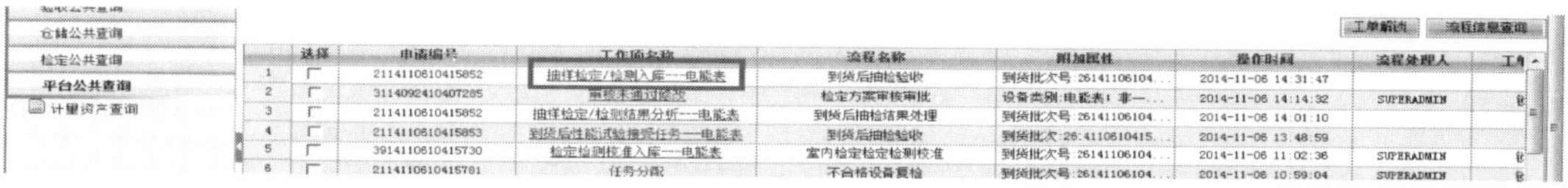

图 4-29　抽样检定入库

点击"抽样检定结果分析"，进入结果分析（见图4-30）。

图 4-30　抽样检定结果分析

点击"抽样检定结果处理"进入结果处理，抽样检定检测流程结束（见图4-31）。

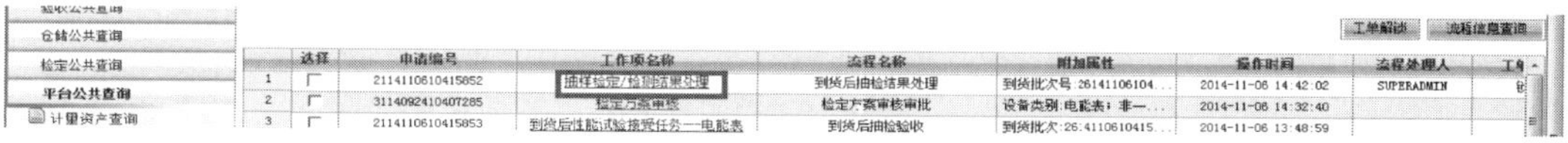

图 4-31　抽样检定结果处理

到货后性能试验检测流程与抽样检定检测类似：点击"到货后性能试验接受任务"，点击"接收任务"；点击"到货后性能试验任务分配"，输入分配数量；点击"到货后性能试验（人工）"，点击"任务下发"，选择检定台；点击"到货后性能试验出库"，选择"平库出库"，输入条形码，点击"全部出库""发送任务"；点击"到货后性能试验（人工）"进入检定检测校准，点击"结果录入"，选择设备列表中的设备，选择检验人、各项检定是否合格，点击"明细"，可查看检定明细信息；点击"到货后性能试验入库"，选择库房、库区，点击"全部入库""发送任务"；点击"全性能试验结果分析"，选择结论，点击"保存"；点击"到货后性能试验结果处理"进入结果处理页面，点击"确定"，全性能试验检测流程结束。

4.2.6　退换处理

退换处理是对生产前适应性检查、到货后样品比对、到货后抽检验收、到货后全检验收和质保期内运行设备抽样检验中不合格的批次/设备进行退换工作的管理。退换工作分为退货和换货两种方式。

新增退换任务单：

（1）点击退换通知单上的"增加"按钮，选择厂家、设备类别、退换还是换货等信息后保存。

（2）新增退换通知单明细信息。

（3）保存后，在"退换通知单"中点击"发送"，到待办中"退换任务审核"，审核通过后，进行审批，审批通过后进行返厂出库，出库后可进行跟踪处理（见图4-32）。

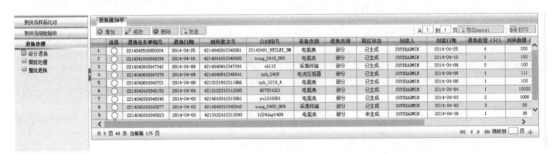

图 4-32　退换任务管理

4.3　室内检定管理

室内检定管理可实现功能如表 4-3 所示。

表 4-3　　　　　　　　　　　室内检定管理主要功能表

主菜单功能	子菜单功能
检定方案管理	检定方案编制
	检定方案查询
	方案模板管理
	方案与设备码管理
检定计划管理	检定计划编制
	检定计划分解
	检定计划查询
检定/检测/校准	制定/接收任务
全性能试验	全性能试验
到货后全检验收	结果处理
	推送单管理
	全检证明打印

4.3.1　检定方案管理

检定方案管理是对各种设备在不同应用条件下的各类检定方案进行管理，包含检定方案编制、检定方案审核和检定方案审批三个步骤。

（1）检定方案编制。增加检定方案：点击"增加"按钮，增加方案内容；点击"修改"

按钮，填写修改的内容（见图4-33）。

图 4-33　检定方案编制

（2）检定方案查询。对已审批过的检定方案进行查询。可选择设备类别、检定类别、检定方式、方案编号、检定方式、方案状态等信息进行查询。选择一条检定方案，点击"明细"按钮，可查询检定方案明细（见图4-34）。

图 4-34　检定方案查询

（3）方案模板管理。点击"增加"按钮，填写方案内容，点击"保存"按钮（见图4-35）。

图 4-35　方案模板管理

4.3.2　检定计划管理

根据库存情况、到货情况、需求情况、检定情况等对编制的检定计划进行管理，包含检定计划制定和检定计划审核两个步骤。

（1）检定计划编制。根据到货情况、检定情况等制定全性能试验计划、抽样检定/检测计划、检定/检测/校准计划、监督抽检计划、标准设备及测试计量设备计划（标准器、标准装置、测试计量设备与仪器）计划、施封计划等。

增加月检定计划：点击"增加"按钮，选择设备类别、计划开始日期、计划结束日期、计划数量，点击"保存"（见图4-36）。

图 4-36　检定计划编制

修改待处理月检定计划：选定需要修改的计划，再点击"修改"按钮，填写修改的内容

（见图 4-37）。

图 4-37　检定计划修改

（2）检定计划审核。填入审核结果、审核日期、审核意见等参数信息（见图 4-38）。

图 4-38　检定计划审核

4.3.3　全性能试验

全性能试验是对检测设备的准确度、电气、电磁、气候影响、通信等性能所进行的试验，并提供试验结果。

在检定任务单列表中选择一条记录，点击"检定结果录入"按钮，选择/输入所有字段信息，点击"保存"按钮（见图 4-39）。

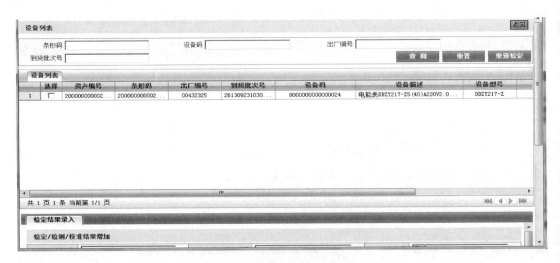

图 4-39　全性能试验检定任务

4.3.4　到货后全检验收

查看全检结果信息，并且对检定任务进行结果处理。可根据任务单编号、到货批次号、合同编号、设备类别、设备数量、制定日期开始、制定日期结束等条件查询（见图 4-40）。

图 4-40　全检验收信息及检定结果处理

4.4　配送管理

配送管理可实现功能如表 4-4 所示。

表 4-4　　　　　　　　　　　　　配送管理主要功能表

主菜单功能	子菜单功能
配送计划	制定配送计划
制定执行	制定配送计划

4.4.1　配送计划

配送计划是对计量设备配送计划的制定过程进行管理。

点击"制定计划"，根据实际情况选择要制定为计划的配送申请。点击"制定周计划"，可制定配送周计划；点击"修改"，可修改计划数量等。然后，将配送计划消息发送到配送计划审批人员进行审批（见图 4-41）。

图 4-41　配送计划制定

4.4.2　配送执行

配送执行是对设备配送执行过程进行管理，根据配送计划、配送车辆情况，确定最优的配送线路，并制定配送任务单分类发送到库房与车辆管理人员。库房管理人员根据配送任务准备设备，同时车辆管理人员根据配送任务安排车辆到库房装货进行配送。

点击"新增"，在计划编号、制定日期、制定人员、制定单位、计划周期中选择性录入信息。点击"制定配送任务"，根据实际情况填写任务优先级、配送方式、配送单位、配送人员、制定人、制定时间、是否指定芯片厂家、配送执行单位等信息。点击"制定线路车辆"，根据配送任务明细信息中的接受单位，依据最短距离或最短时间选择配送路线，同时，参考车辆使用情况，选择配送车辆（见图4-42）。

图 4-42　配送执行

4.5　技术服务管理

技术服务管理可实现功能如表4-5所示。

表 4-5　　　　　　　　　　　　　　技术服务主要功能表

主菜单功能	子菜单功能
委托检定/检测	委托任务
	委托检定任务
	委托检定/检测协议
	委托设备领回
	结果处理
临时/申校检定	临时检定
	用户申校检定

4.5.1　委托检定/检测

（1）委托任务。委托任务是对设备委托检定/检测工作的具体内容和过程进行管理。

点击"新增"，增加委托检定任务，选择或输入相应数据。点击"修改"，可以修改相关数据；点击"删除"，将删除数据；点击"设备建档"，进行建档操作。设备建档之后才可以点击"发送入库"，点击"同步营销"，记录将会同步到营销业务系统（见图4-43）。

图 4-43　制定委托检定任务

（2）委托检定任务。委托检定任务是指客户自愿将其所属电能计量器具资产（如用电客户侧计量用高压互感器、发电厂用电能计量器具等）委托计量检定机构所进行的检定/检测工作（见图4-44）。

图 4-44　执行委托检定检测

（3）委托检定/检测协议。委托检定/检测协议是对设备委托检定/检测工作的结果进行查看（见图4-45）。

图4-45　委托检定/检测结果查询

4.5.2　临时/申校检定

临时/申校检定是对设备临时检验和申校检测工作的具体内容和过程进行管理。它是指对电能计量器具的准确性、可靠性及功能等有异（疑）议所进行的实验室检定工作（见图4-46）。

图4-46　临时/申校检定管理

4.6　质量监督

质量监督可实现功能如表4-6所示。

表4-6　　　　　　　　　　　　　　质量监督主要功能表

主菜单功能	子菜单功能
库存复检	制定库存复检任务
不合格设备复检	制定不合格设备复检任务
故障检测	故障检测
	临检—故障检测
	故障检测设备处理
	制定样品对比任务
	故障检测设备查询
	故障检定结论查询

4.6.1　库存复检

库存复检是指对经检定合格且库存时间超过6个月或其他原因需重新进行检定的电能表复检的工作。

点击"新增"按钮，选择或输入相应数据，制定库存复检任务（见图4-47）。

图 4-47　制定库存复检计划

点击"制定接收任务",接收检定任务(见图 4-48)。

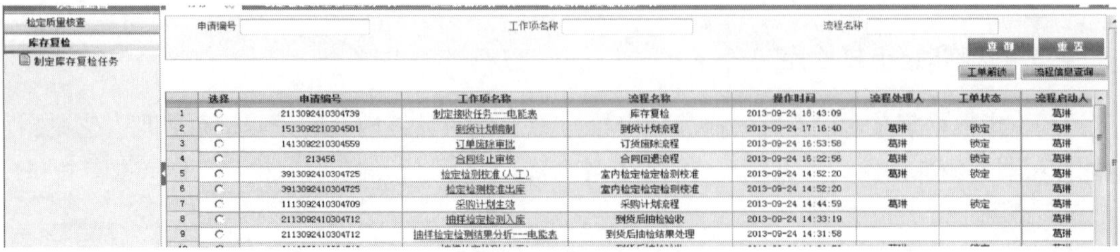

图 4-48　接受库存复检检定任务

点击"分配任务",给检定人员安排数量(见图 4-49)。

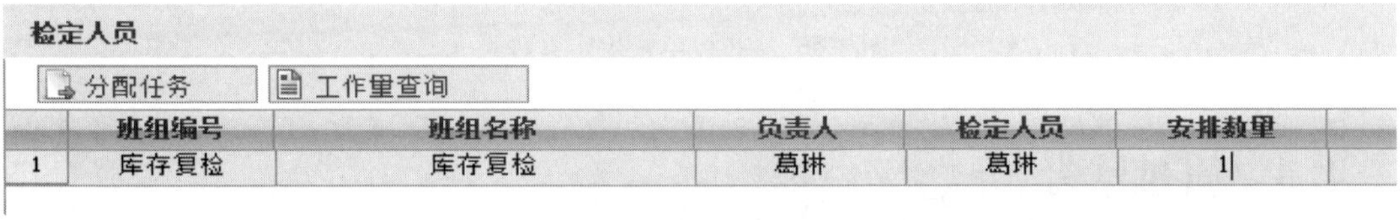

	班组编号	班组名称	负责人	检定人员	安排数量
1	库存复检	库存复检	葛琳	葛琳	1

检定人员

分配任务　工作量查询

图 4-49　分配检定人员

点击"检定检测校准",点击"结果录入",选择或输入相应数据(见图 4-50)。

图 4-50　检定结果录入

4.6.2　不合格设备复检

不合格设备复检是对人工复检工作的具体内容和过程进行管理。人工复检是对已检定设备进行的人工再次检定工作。抽检不合格设备及全检不合格设备均可进行不合格复检,不合格复检不可以混批次检定(见图 4-51)。

图 4-51　制定不合格设备复检任务

点击"接收任务"，在已接收检定任务单下选定任务（见图 4-52）。

图 4-52　接受检定任务

点击"任务分配"，给检定人员安排数量（见图 4-53）。

图 4-53　检定任务分配给检定人员

点击"检定检测校准"，点击任务下发，选择检定线（见图 4-54）。

图 4-54　选择检定线

选择出库方式，扫入条码，点击"平库/立库出库"（见图 4-55）。

	选择	设备类别	特办任务	任务数量	设备数量	流程单号	流程启动者
1	○	电能表	检定校准出库	1	2	2114110510415613	运行管理部主任
2	○	电能表	报废出库	1	1	4814110310415116	生产计划员
3	○	电能表	退厂出库	1	600	2214110301014686	运行管理部主任
4	○	电能表	退厂出库	1	600	2214110301014647	SUPERADMIN
5	○	电能表	退厂出库	1	600	2214102810414166	资产管理员

共 104 页 518 条 当前第 1/104 页　　　　跳转到 □ 页

立体出库　平准出库　配送确认

出库任务表

	选择	出库原因	任务编号	设备类别	任务状态	设备描述	到货批次	设备状态

图 4-55　选择检定出库方式

点击"检定结果录入",输入检定结果录入(见图 4-56)。

图 4-56　检定结果录入

选定入库任务,库房和库区后,点击"入库"(见图 4-57)。

入库任务表

	选择	任务单号	设备类别	制造单位	存放区分类	电流	电压	任务状态	任务制定日期	
1	○	4413041910259448	电能表	北京煜邦电力科技有限公司	合格在库	5(40)A	220V	未执行	2013-04-19	26

共 1 页 1 条 当前第 1/1 页

图 4-57　设备入库

4.6.3　故障检测

(1)故障检测设备处理。故障检测设备处理用于对营销系统返配送至平台的故障检测设备进行判断是否需要上台体检定。

根据设备条码、设备类别、返配送任务单号等条件,填写好查询条件可以查询到与条件相符合的信息。选中设备,进行是否上台体检定(见图 4-58)。

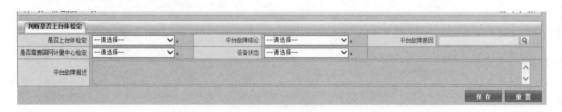

图 4-58　设备故障检测是否上台体检定

(2)制定故障检测任务。制定故障检测任务用于对故障检测设备处理为上台体检定的设备进行故障检测。点击"新增",填写故障检测任务后保存(见图 4-59)。

图 4-59　制定故障检测任务

点击"故障检测",点击"任务下发"。根据条形码进行出库操作,出库完成之后,点击"发送"。录入检定结果,录入的检定结果数量和任务数量一致时,点击"发送"发送检定结果(见图 4-60)。

图 4-60　故障检测结果录入

点击"故障检测入库",选择库房、库区进行入库操作(见图 4-61)。

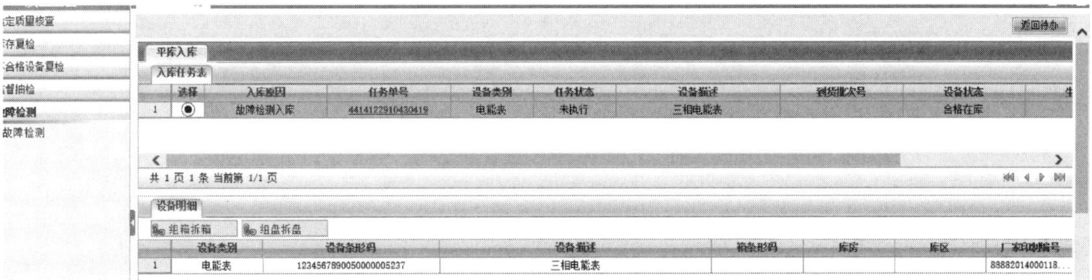

图 4-61　故障检测设备入库

点击"结果处理",结果处理可以按照实际情况进行选择,如果故障结论为"有故障",则设备状态为"待返厂"或者为"待报废",选择"待返厂"状态则需要进行"部分退换—临检—定向返还"处理;选择"待报废"状态则需要进行定向返还处理(见图 4-62)。

图 4-62　故障检测结果处理

　　如果故障结论为"无故障"，则设备状态为"待检定""待报废""待返厂"，选择"待返厂"状态则需要进行"部分退换—临检—定向返还"处理；选择"待报废"状态则需要进行定向返还处理，选择"待检定"状态则需要进行"临检—故障检测"。

　　（3）临检—故障检测。临检—故障检测用于对故障检测设备结果处理为待检定的设备进行临检—故障检测。点击"新增"按钮制定检定任务单，然后依次进行任务分配、任务下发、出库、结果录入、入库、结果分析。如果检定合格则直接进行定向返还，如果不合格则进行部分退换—临检，合格之后再进行定向返还（见图 4-63）。

图 4-63　临检—故障检测

　　（4）故障检测设备查询。可查询设备的检测单位、最终故障结论、最终故障原因、设备状态等（见图 4-64）。

图 4-64　故障检测设备查询

5 市（县）供电公司电能计量信息化管理

地市（县）供电公司电能计量管理信息化系统主要包括营销业务系统计量管理模块和用电信息采集系统计量在线监测等。

5.1 营销业务系统计量管理模块

5.1.1 计量资产管理

计量资产管理可实现功能如表 5-1 所示。

表 5-1 计量资产管理主要功能表

主菜单功能	子菜单功能
选购管理	年度需求计划制定
	月度需求计划制定
	招标信息维护
库房管理	库房盘点
	领出未装入库
	供电单位资产建档
配送管理	配送申请
	制定配送计划
	制定配送周计划
	制定配送任务
	计量中心配送资产入库
计量印证管理	封印领用
	封印退回
	封印报废
辅助功能	配表记录管理

（1）选购管理。选购管理是二级库房根据自身的设备使用需求，向省级计量中心报送需求计划。选购管理可实现功能如表 5-2 所示。

表 5-2 选购管理主要功能表

主菜单功能	子菜单功能
选购管理	年度需求计划制定
	月度需求计划制定

1）年度需求计划。包含年度需求计划制定、需求计划审核、需求计划审批、上报审批等多个环节。

选择需求计划年份，点击"增加"按钮，增加电能表需求计划明细信息。可以增加多条需求计划明细信息。互感器、其他设备与电能表相似（见图5-1）。

图5-1　年度需求计划制定

年度需求计划审核。选择审核结论，填写审核意见。如果审核结论为通过，流程发送到"需求计划审批"环节；如果审核结论为不通过，流程发送到"需求计划制定"环节（见图5-2）。

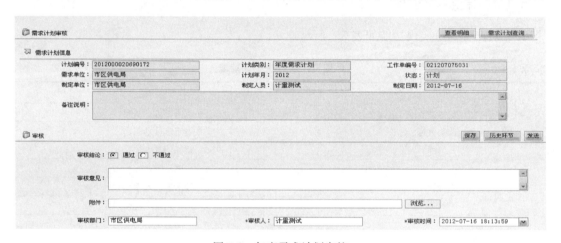

图5-2　年度需求计划审核

年度需求计划审批。选择审批结论，填写审批意见。如果审批结论为通过，流程发送到"上报审批"环节；如果审批结论为不通过，流程发送到"需求计划审核"环节（见图5-3）。

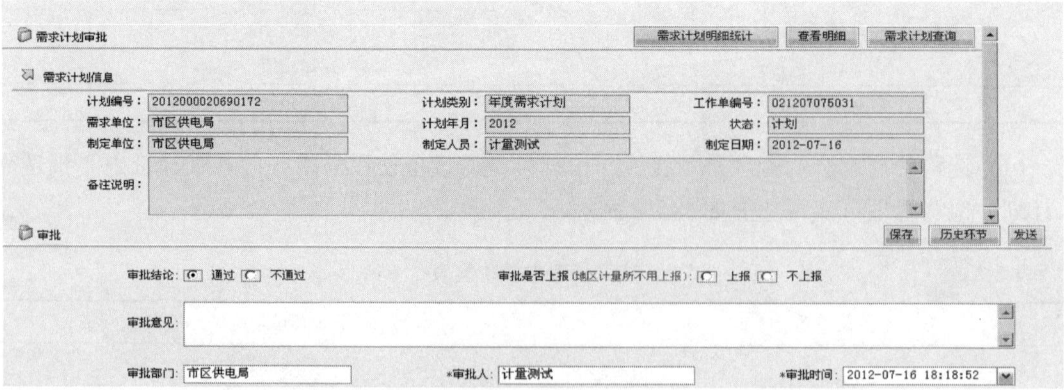

图5-3　年度需求计划审批

年度需求计划上报审批。选择审批结论，填写审批意见，点击"保存"，然后点击"发送"按钮，系统提示"该流程将发送至生产调度平台进行业务处理，是否确认"，点击"确定"，流程归档，需求计划完成（见图5-4）。

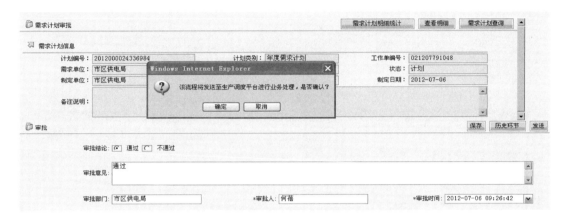

图5-4　年度需求计划审批结果发送

2）月度需求计划管理适用于二级库房创建用表需求计划，经审批报送至计量中心。包含月度需求计划制定、需求计划审核、需求计划审批、上报审批多个环节。与年度计划管理流程相似，这里不再叙述。

（2）库房盘点。供电公司定期要对库存量进行盘点，并进行盘盈盘亏处理。库房盘点根据库存信息及管理要求，清点库房存货，分状态、设备类型、型号、规格统计库存量及指定时段内的出入库总量。包含制定盘点任务、盘点作业、盘盈盘亏分析、盘盈盘亏审核、盘盈盘亏审批、盘盈盘亏处理、盘点结果归档等多个环节。

1）制定盘点任务。选中库区记录，点击"生成任务"产生盘点数量，点击"发送"流程流转至下一个环节（盘点作业环节）。系统在月末自动生成盘点任务，亦可直接进行后续流程（见图5-5）。

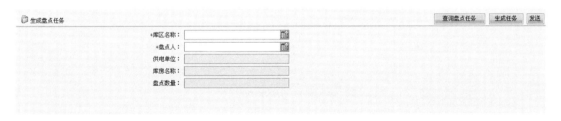

图5-5　制定盘点任务

2）盘点作业。点击"锁定"锁定库区，点击"导入自动对账及结果生成"，导入盘点实物的文本文档与系统中的资产档案信息进行比对，产生盘点结果（见图5-6）。

若存在盘盈、盘亏的资产，盘亏记录列表、盘盈记录列表将产生盘盈、盘亏记录（见图5-7）。

点击"盘点结果录入"，查看盘点结果（见图5-8）。

图 5-6 导入自动对账及盘点结果生成

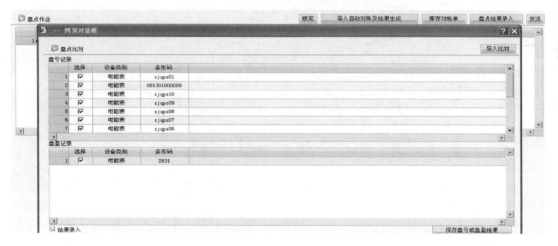

图 5-7 盘亏/盘盈记录

图 5-8 盘点结果录入及查询

　　3）盘盈盘亏分析。若盘点作业没有盘盈、盘亏的记录，下一个环节将是盘点结果归档，若有盘盈、盘亏的记录，下一个环节将是盘盈盘亏分析（见图 5-9）。

　　4）盘盈盘亏审核。选中审核结论，录入审核意见（见图 5-10）。

　　5）盘盈盘亏审批。选中审批结论，录入审核意见。

　　6）盘盈盘亏处理。选中资产记录，录入处理人、处理方式（见图 5-11）。

　　7）盘点结果归档。点击"归档"，对盘点结果进行归档，流程结束（见图 5-12）。

图 5-9　盘盈/盘亏分析

图 5-10　盘亏/盘盈审核

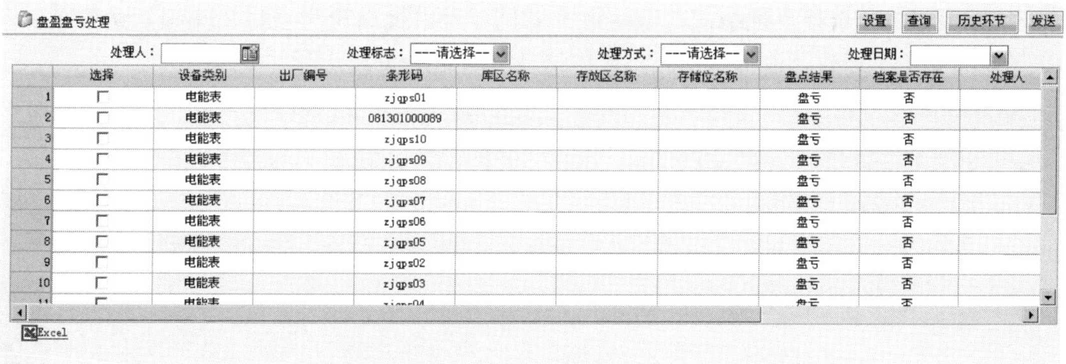

盘盈盘亏处理

设置　查询　历史环节　发送

处理人：　　　　　处理标志：---请选择--　　　处理方式：---请选择--　　　处理日期：

	选择	设备类别	出厂编号	条形码	库区名称	存放区名称	存储位名称	盘点结果	档案是否存在	处理人
1	☐	电能表		zjqps01				盘亏	否	
2	☐	电能表		081301000089				盘亏	否	
3	☐	电能表		zjqps10				盘亏	否	
4	☐	电能表		zjqps09				盘亏	否	
5	☐	电能表		zjqps08				盘亏	否	
6	☐	电能表		zjqps07				盘亏	否	
7	☐	电能表		zjqps06				盘亏	否	
8	☐	电能表		zjqps05				盘亏	否	
9	☐	电能表		zjqps02				盘亏	否	
10	☐	电能表		zjqps03				盘亏	否	
	☐	电能表		zjqps04				盘亏	否	

Excel

图 5-11　盘亏/盘盈处理

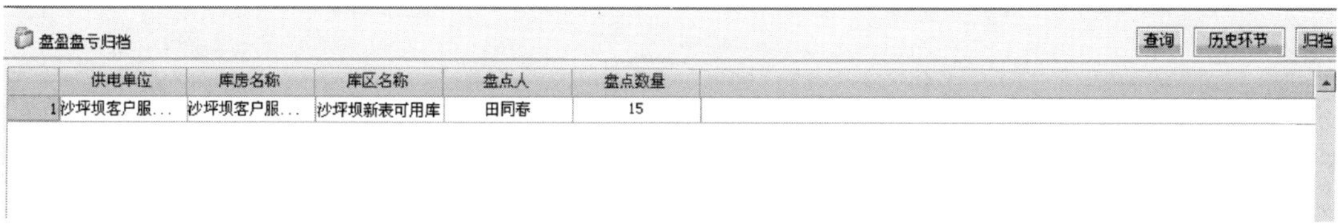

盘盈盘亏归档

查询　历史环节　归档

	供电单位	库房名称	库区名称	盘点人	盘点数量
1	沙坪坝客户服…	沙坪坝客户服…	沙坪坝新表可用库	田同春	15

图 5-12　盘点结果归档

（3）配送管理。主要是二级库房向省级计量中心提出用表申请和旧设备返回省级计量中心的业务。供电公司根据业扩及工程安装电能计量器具需求估量，年度需求计划及月度需求计划的数量综合后，报送计量中心进行平衡，根据计量中心平衡的数量，系统制定配送申请，包含配送申请、申请审核、上报计量中心生产平台审批等。

（4）资产报废。报废申请只能对待报废状态的资产进行报废申请，其他状态资产不能作报废处理。包括报废申请、接收技术鉴定结果、报废审批、报废处理环节。

1）报废申请。选择报废原因，填写备注信息后，选择相应的查询条件进行查询，在查询结果中选中需报废的资产，可以选中一个资产，也可以选中多个资产（见图5-13）。

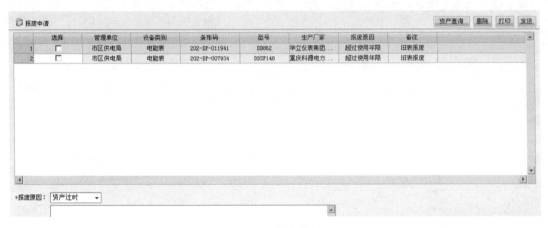

图5-13　报废申请

申请界面就生成需报废的资产明细，选中其中的明细信息，点击"删除"按钮，可以将已经生成的报废明细进行删除。若报废的资产已确定，点击"发送"按钮，流程发送到下一环节。

2）接收技术鉴定结果。本环节由省级计量中心处理，将鉴定结论填好下传报废审批环节。

3）报废审批。选择审批结论，填写审批意见。若审批结论为通过，流程发送到下一环节，若审批结论不通过，流程退回到报废申请环节（见图5-14）。

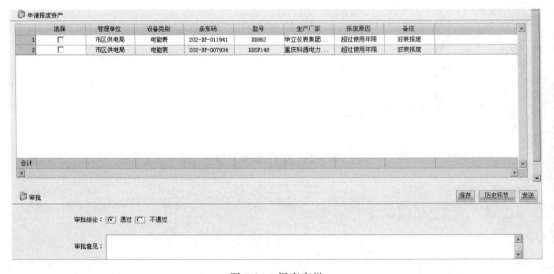

图5-14　报废审批

4）报废处理。选择报废日期，点击"报废"按钮，资产报废成功，流程归档（见图5-15）。

图5-15　报废处理

（5）计量印证管理。本业务是对封印、证书报告、彩色标识的领用、使用的管理。包括封印管理、彩标管理、证书报告管理业务子项。

计量印证管理可实现的功能如表5-3所示。

表5-3　　　　　　　　　　　　　计量印证管理主要功能表

主菜单功能	子菜单功能
计量印证管理	封印领用
	封印退回
	封印报废

1）封印领用。录入查询条件，查询出封印记录（见图5-16）。

图5-16　封印记录查询

选中要领用的封印记录，录入领用人员、领用标志等信息，点击"出库"（见图5-17）。

图5-17　封印领用

2）封印退回。录入查询条件，查询出封印记录。选中要退回的封印记录，录入领用人员、领用标志等信息，点击"入库"（见图 5-18）。

图 5-18　封印退回

3）封印报废。查询出要报废的封印，选中封印记录，点击"报废"，录入报废原因（见图 5-19）。

图 5-19　封印报废

5.1.2　计量点管理

计量点管理可实现功能如表 5-4 所示。

表 5-4　　　　　　　　　　**计量点管理主要功能表**

主菜单功能	子菜单功能
投运前管理	设计审查方案登记
	设备安装
	竣工验收
运行维护及检验	首次检验
	临时检验
	关口计量异常处理
	计量点变更申请
	制定周期检验计划
	制定轮换计划
	轮换派工
	周期检定派工
电能计量装置分析	配置情况分析
	运行质量分析

主菜单功能	子菜单功能
电能计量装置改造工程	电能计量装置改造工程
辅助功能	计量装置配置评价规则设置
	运行质量评价规则设置
	竣工验收项目维护
	装拆工作量系数管理
	现场检验工作量系数管理
	装拆工作量统计
	现场检验工作量统计
	轮换周期维护
	现场检验周期维护
	现场检验计划完成情况统计
	轮换计划完成情况统计
	临时/首次检定计划查询
电能计量装置分类维护	电能计量装置分类调整

（1）投运前管理。包含设计方案审查通知、设计方案审查、配表备表、设备出库、安装派工、安装信息录入、验收申请登记、验收结果录入、归档等多个环节。

1）设计方案审查通知。通过此功能完成设计方案审查登记，在接收到电力工程建设、技术改造项目设计审查通知后，对计量点设置、计量方式设置、计量装置的配置要求进行审查确认，录入审查结果，最后确认形成计量点设计方案。填写工程名称，工作函号。选择通知日期、要求答复日期、线路等信息（见图5-20）。

图5-20　设计方案审查登记

2）设计方案审查。填写审查部门、审查时间、审查人员、审查结论等信息（见图5-21）。

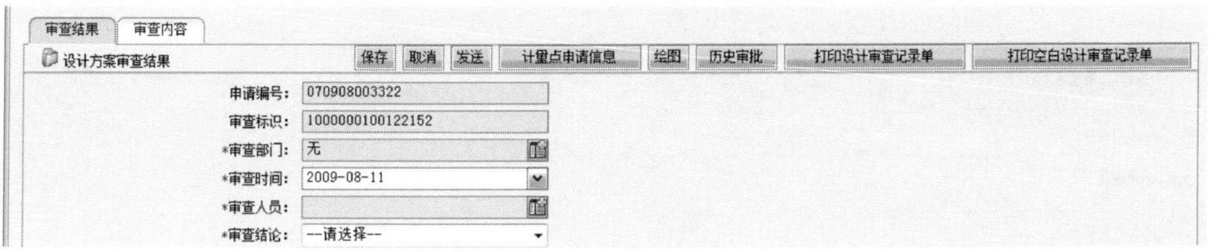

图5-21　设计方案审查

点击"计量点申请信息"按钮，进入计量点申请信息编辑。填写"计量点名称""计量点性质""计量点分类""电压等级"等信息。选择相应的线路和台区，点击"保存"按钮，将增加的计量点信息进行保存。点击"删除"按钮，将增加的计量点删除（见图5-22）。

图 5-22　计量点申请信息

"增加"按钮：增加电能表。"修改"按钮：修改当前选中的电能表信息。"删除"按钮：将选中的方案记录删除。根据实际需求信息，添加电能表类型、电压、电流等信息（见图5-23）。

图 5-23　电能表方案

点击"互感器方案"，可进行互感器拆除、装出等。

"增加"按钮：增加互感器。

"修改"按钮：修改当前选中的互感器方案中的互感器信息。

"删除"按钮：将选中的互感器方案记录删除（见图5-24）。

图 5-24　互感器方案

根据审查情况，填写审查结果。点击"审查内容"，可以对审查内容进行添加、删除、修改等操作（见图5-25）。

图 5-25　审查结果录入

3）配表备表。点击"电能表方案"，可以按条形码、出厂编号等条件查询电能表是否合格在库。点击"互感器方案"，可以按条形码、出厂编号等条件查询互感器是否合格在库（见图 5-26）。

图 5-26　按照计量方案配表

4）设备出库。在"领用人员"列表框中选择接收员，选择"派工日期"（见图 5-27）。

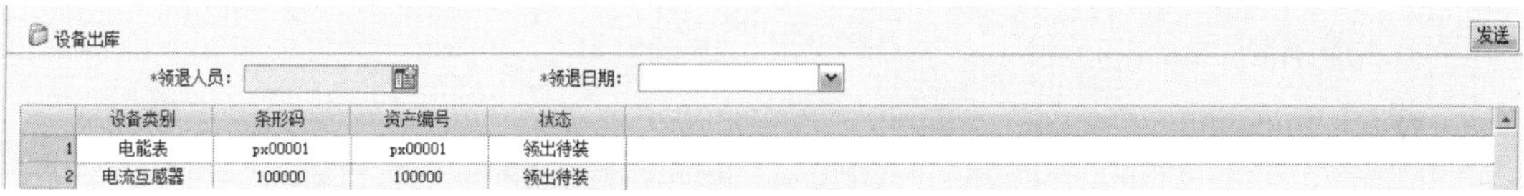

图 5-27　人员领用设备

5）安装派工。选择派工人员，点击"发送"按钮，提示流程发送成功到下一个环节（见图 5-28）。

图 5-28　安装派工

6）安装信息录入。通过此功能完成了安装设备信息的录入操作。录入本次抄见后，点击"保存"按钮（见图 5-29）。

图 5-29　安装信息录入

7）验收申请登记。通过此项功能完成验收申请登记的操作。填写申请人，要求验收日期、申请单位等信息，点击"保存"按钮，将申请登记信息保存，否则点击"取消"按钮。点击"发送"按钮，将待办工作单发送到下一个环节。点击"技术资料验收记录单打印"按钮和"现场核查记录单打印"按钮分别完成技术资料验收单的打印和现场核查记录单的打印。点击"图纸资料信息"，可查看图纸资料信息，包括图纸资料标识、计量点方案标识、图纸名称等信息（见图5-30）。

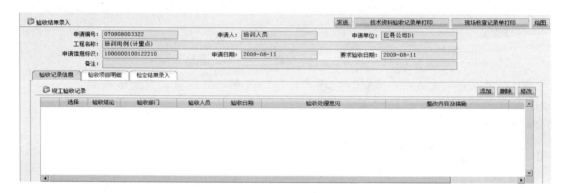

图 5-30　验收申请登记

8）验收结果录入。填写验收的结果信息，包括验收记录信息、验收项目明细信息、检定结果录入等信息（见图5-31）。

图 5-31　验收结果录入

9）归档。点击"归档"按钮，流程结束（见图5-32）。

图 5-32　验收流程归档

（2）运行维护及检验。通过对电能计量装置的现场检验、周期（状态）检定、故障与差错处理等，保证电能计量量值的准确、统一和电能计量装置运行的安全可靠。

1）首次检验。对于Ⅲ类以上的用户计量点和关口计量点在安装后一个月内进行首次检验，记录检验结果。根据投运日期查询出首检记录，点击"增加任务"，将产生流程申请编号。点击"取消任务"，清空申请编号。点击"发送"，发起流程（见图5-33）。

图 5-33　首次检验管理

2）周期（状态）检定。将生效后的周期（状态）检定计划安排给检验人员，发起周期（状态）检定流程。选中要检定的明细记录，点击"计量明细派工"。选中要派工的明细记录，选中任务处理人员，点击"派工发送"（见图 5-34）。

图 5-34　周期（状态）检定派工

流程流转至现场检验参数下载环节（见图 5-35）。

图 5-35　检验参数下载

点击"录入现场检验数据"，填写检测日期、检测单位、检测地点、检测人、检验人、审核人、检测结论等信息，点击"保存"按钮。分别点击"相角检测""检验示数"输入相应数据，点击"保存"（见图 5-36）。

图 5-36　录入现场检验数据

若检验结论为"不合格"，流程流转至检验结果处理环节（见图 5-37）。

图 5-37　现场检验结果处理

系统将提示发起计量装置故障流程，点击"发送"流程结束。

3）制定轮换计划。定期对关口和用电客户计量点制定轮换计划。选择相应的供电单位、工作内容、计划年份，点击"查询"按钮，即可查询出轮换计划的所有记录。"按计量段增加"按钮：以单位为整体，即增加一条需要制定轮换计划的记录。"删除"按钮：可删除选中的轮换计划。"查看明细"按钮：即可查看选中的轮换计划记录的明细信息（见图5-38）。

图 5-38　制定轮换计划

4）轮换执行。派工人员根据本部门现场工作人员现有的工作情况将生效后的周期轮换计划安排给装拆人员。选中要轮换的明细记录，点击"计量明细派工"（见图5-39）。

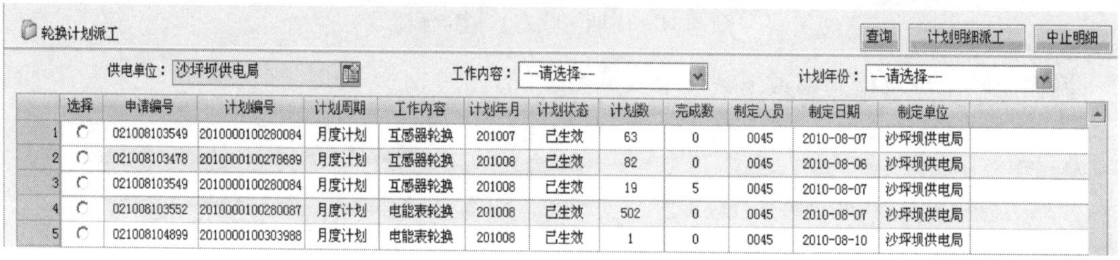

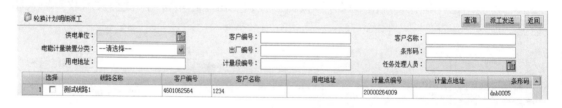

图 5-39　轮换计划查询

选中要派工的明细记录，选中任务处理人员，点击"派工发送"。此时，系统自动新增与旧表一致的电能表方案，若无需修改，点击"发送"（见图5-40）。

图 5-40　轮换计划派工

流程流转至下一个环节配表，按方案配表。用条码枪扫入条形码，确认无误后，点击"发送"（见图5-41）。

图 5-41　配表备表

流程流转至下一个环节安装派工环节，选中要派工的人员，点击"确定"，点击"发送"（见图 5-42）。

图 5-42　计量派工

流程流转至接收出库任务环节，派工人员接收出库任务，打印设备领用单（见图 5-43）。

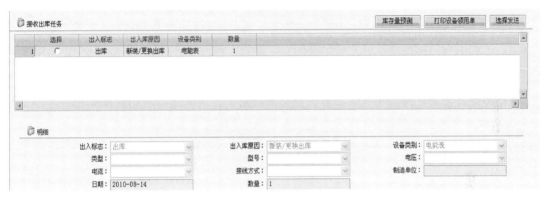

图 5-43　派工人员接收任务

流程流转至设备出库环节，选择领退人员，选择领退时间（见图 5-44）。

图 5-44　设备出库

现场安装工作结束，回到室内后将现场安装信息录入系统。点击"电能表"，分别选中电能表记录，点击"示数信息录入"，录入示数信息。"失压信息录入"按钮：对于多功能电能表，录入失压信息。"校验数据录入"按钮：校验结果录入。"施封"按钮：录入电能表的封印信息，参照辅助功能—封印在用中的施封。"启封"按钮：对于封印施封错误或对拆除的表进行启封（见图 5-45）。

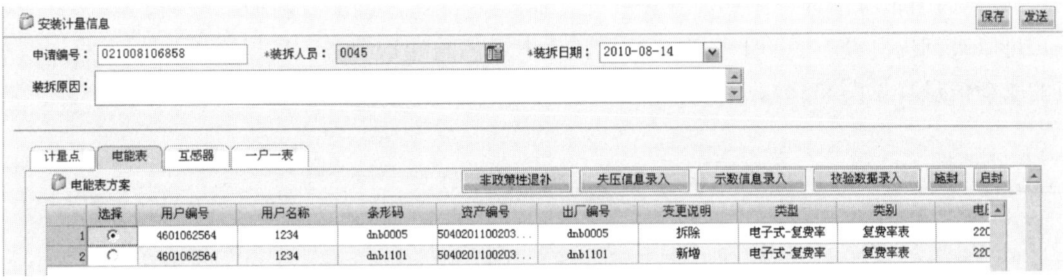

图 5-45　录入安装信息

流程流转到设备入库，选中入库的电能表记录，录入返还人员，选择库房，点击"入库"，流程流转至环节归档（见图 5-46）。

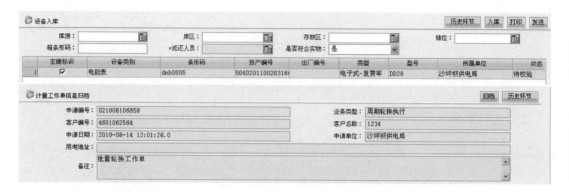

图 5-46 设备入库及流程归档

（3）电能计量装置改造工程。电能计量装置改造工程可实现功能如表 5-5 所示。

表 5-5 计量装置改造工程主要功能表

主菜单功能	子菜单功能
电能计量装置改造工程	生成改造需求
	生成上报改造计划
	生成实施改造计划
	发出改造通知单
	改造计划完成情况分析

1）生成改造需求。如需新增一条改造需求，点击"新增"按钮。输入查询条件，可以查询出已经生成的改造需求，点击绿色的计划编号，可以查看该条改造需求对应的明细信息（见图 5-47）。

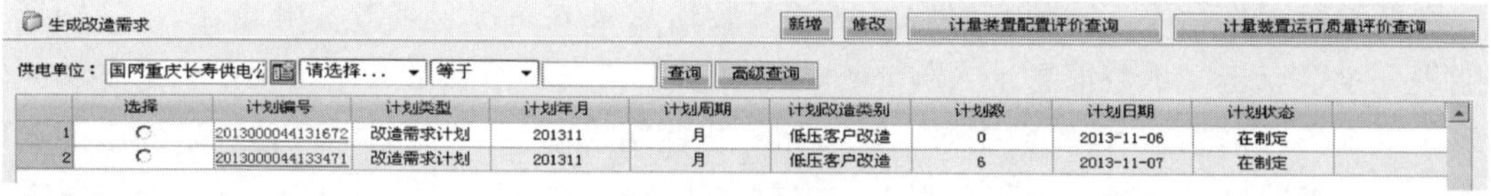

图 5-47 生成改造需求

2）生成上报改造计划。如需新增一条上报改造计划，点击"新增"按钮。输入查询条件，可以查询出已经生成的上报改造计划，点击绿色的计划编号，可以查看该条改造计划对应的明细信息（见图 5-48）。

图 5-48 上报改造计划

选择审批结论，填写审批意见，点击"保存"（见图 5-49）。

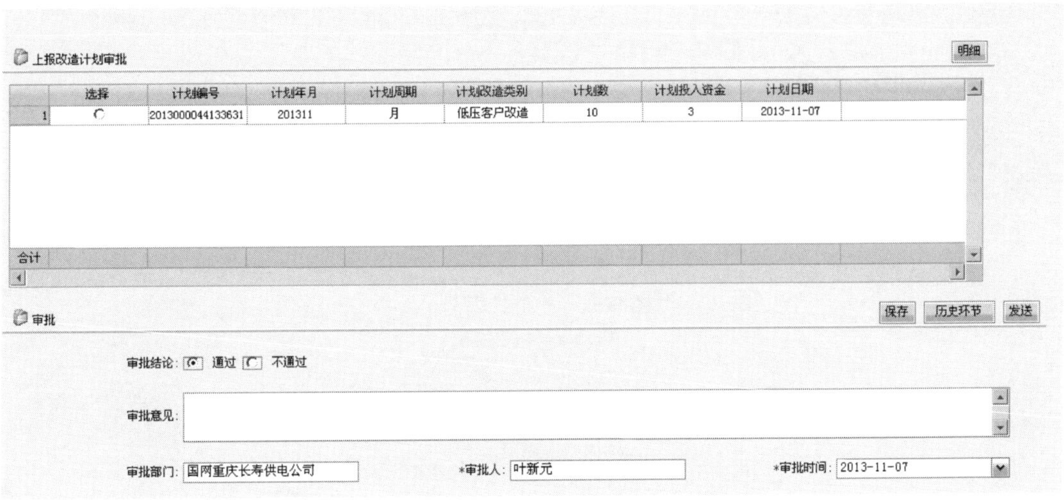

图 5-49　审批改造计划

3）生成实施改造计划。如需新增一条实施改造计划，点击"新增"按钮。输入查询条件，可以查询出已经生成的实施改造计划，点击绿色的计划编号，可以查看该条实施改造计划对应的明细信息（见图 5-50）。

图 5-50　实施改造计划申请

对实施改造计划信息进行审批，填写审批意见（见图 5-51）。

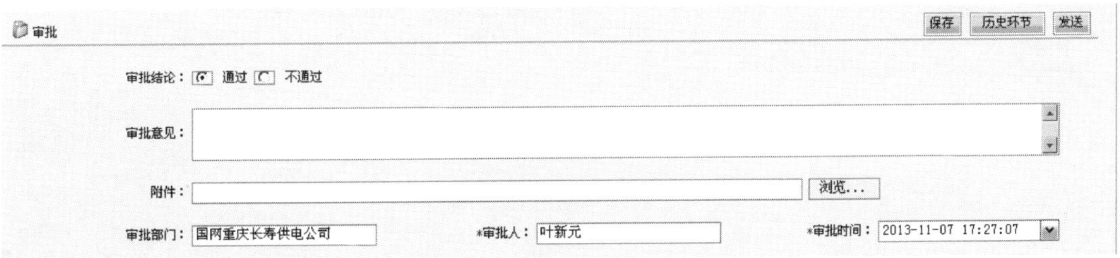

图 5-51　实施改造计划审批

根据实施改造计划，资产运行维护部门根据现有人员的工作情况，安排工作人员执行现场核查任务。选择派工人员，点击"发送"（见图 5-52）。

根据改造任务单，记录现场核查情况，录入到系统中（见图 5-53）。

根据现场核查结果，制定具体改造措施，拟定改造方案（见图 5-54）。

根据制定的改造方案进行配表（见图 5-55）。

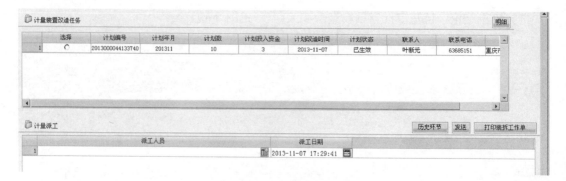

图 5-52 改造计划派工

图 5-53 改造任务现场核查

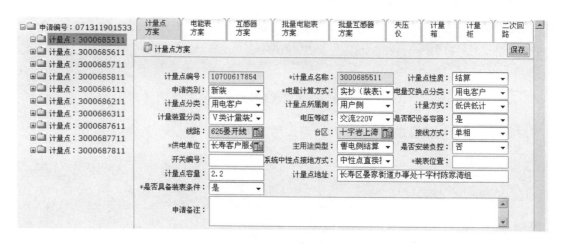

图 5-54 拟定改造方案

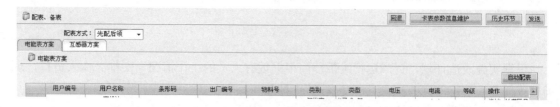

图 5-55 改造方案配表

根据安装计划，资产安装部门根据现有人员的工作情况，安排工作人员执行现场安装任务（见图 5-56）。

图 5-56　安装任务派工

生成设备出库任务（见图 5-57）。

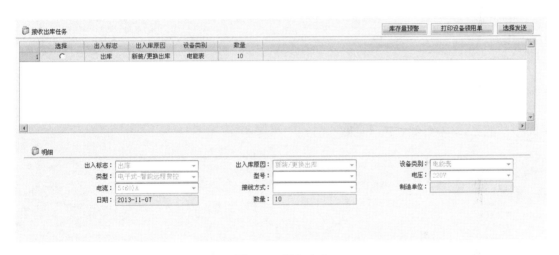

图 5-57　设备出库

打印设备领用单，从库房中领出待安装设备，选择领退人员、领退日期等（见图 5-58）。

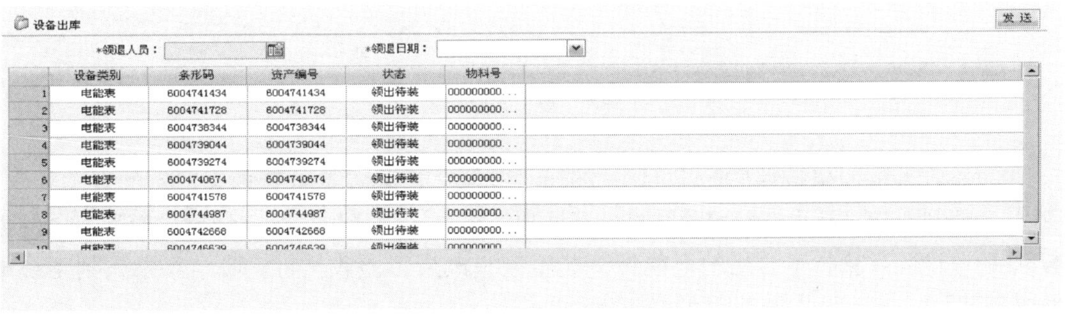

	设备类别	条形码	资产编号	状态	物料号
1	电能表	6004741434	6004741434	领出待装	000000000...
2	电能表	6004741728	6004741728	领出待装	000000000...
3	电能表	6004736344	6004736344	领出待装	000000000...
4	电能表	6004739044	6004739044	领出待装	000000000...
5	电能表	6004739274	6004739274	领出待装	000000000...
6	电能表	6004740674	6004740674	领出待装	000000000...
7	电能表	6004741578	6004741578	领出待装	000000000...
8	电能表	6004744987	6004744987	领出待装	000000000...
9	电能表	6004742668	6004742668	领出待装	000000000...
10	电能表	6004746639	6004746639	领出待装	000000000...

图 5-58　设备领用出库

点击"装拆信息录入"按钮，安装信息录入（见图 5-59）。

图 5-59 装拆信息录入

信息录入完成以后，流程跳转到拆回设备入库。选择库房库区、返还人员，选中需入库的设备，点击"入库"按钮，设备入库成功（见图 5-60）。

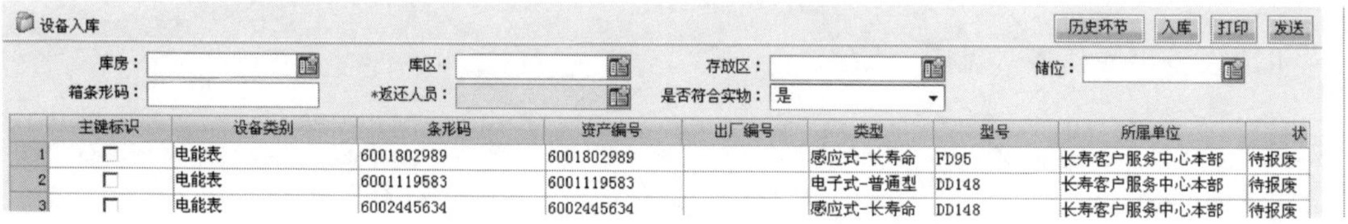

	主键标识	设备类别	条形码	资产编号	出厂编号	类型	型号	所属单位	状
1	☐	电能表	6001802989	6001802989		感应式-长寿命	FD95	长寿客户服务中心本部	待报废
2	☐	电能表	6001119583	6001119583		电子式-普通型	DD148	长寿客户服务中心本部	待报废
3	☐	电能表	6002445634	6002445634		感应式-长寿命	DD148	长寿客户服务中心本部	待报废

图 5-60　设备入库

竣工验收人员在接收到竣工验收申请后，登记验收申请信息和资料，将电子工作单发送到验收结果录入环节继续处理（见图 5-61）。

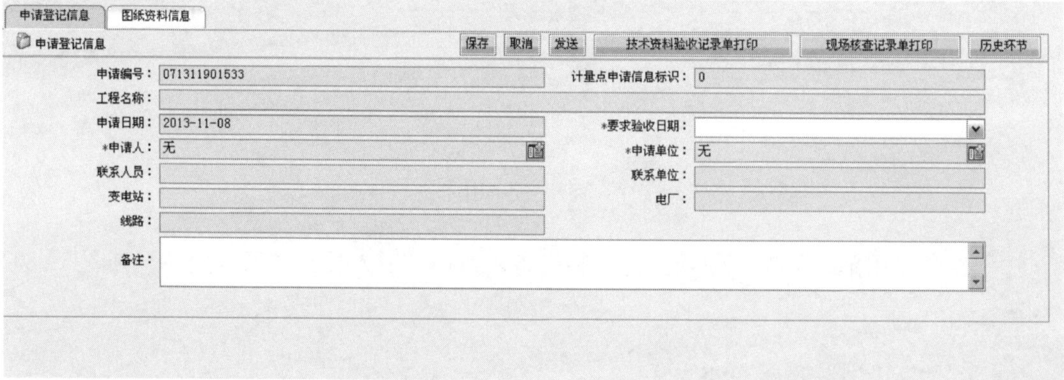

图 5-61　竣工验收申请

竣工验收人员严格按照 DL/T 448—2016《电能计量装置技术管理规程》的有关要求，审查技术资料，记录技术资料验收结果；开展现场核查，记录现场核查情况，根据不同的类别开展验收试验，验收不合格的电能计量装置须整改后再验收，将验收结果录入到系统中（见图 5-62）。

将改造信息资料归档，更新计量点台账。点击"历史环节"按钮，可以查看历史环节处理情况，如无异议，点击"归档"按钮，改造实施完成，流程结束（见图 5-63）。

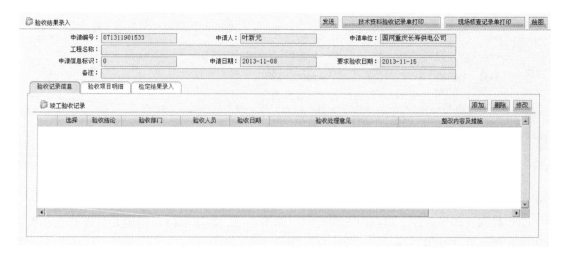

图 5-62　验收结果录入

图 5-63　流程归档

5.2　营销业务系统计量业务指标监控

5.2.1　查询类

（1）查询库存情况。可以根据管理单位、日期、设备类别、设备类型、库房编号、库区编号、状态、物料号等信息查看库存信息。选中其中一条记录，点击"资产明细"查询（见图 5-64）。

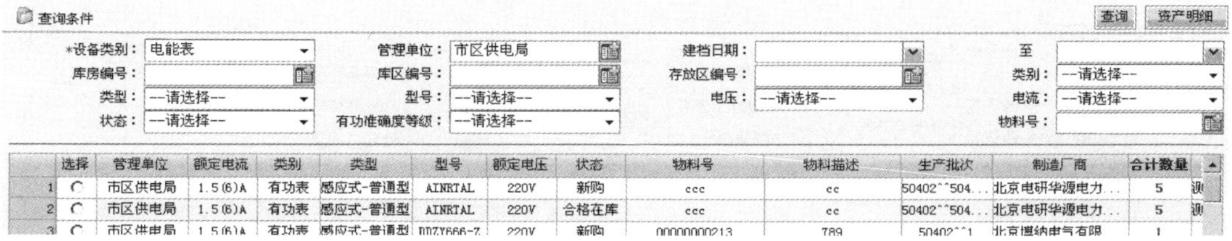

	选择	管理单位	额定电流	类别	类型	型号	额定电压	状态	物料号	物料描述	生产批次	制造厂商	合计数量	
1	○	市区供电局	1.5(6)A	有功表	感应式-普通型	AINRTAL	220V	新购	ccc	cc	50402``504..	北京电研华源电力	5	测
2	○	市区供电局	1.5(6)A	有功表	感应式-普通型	AINRTAL	220V	合格在库			50402``504..	北京电研华源电力	5	测
3	○	市区供电局	1.5(6)A	有功表	感应式-普通型	DDZY666-Z	220V	新购	0000000000213	789	50402``504..	北京埃纳电气有限	1	测

图 5-64　资产库存信息查询

（2）查询出入库汇总。可以根据管理单位、开始截止日期、设备类别、设备类型、型号、电压、电流等信息查看设备的出入库汇总信息（见图 5-65）。

图 5-65　设备出入库查询

（3）查询封印出入库。根据出入库类别、领用单位、领用部门、领用人员等信息，查询封印出入库信息（见图 5-66）。

图 5-66　封印出入库存信息

（4）查询封印库存。根据封印编号、封印类别、管理单位、领用部门查询封印库存信息（见图 5-67）。

图 5-67　封印库存信息

（5）查询封印装拆记录。根据封印编号、设备条码、设备类别、处理标志、封印颜色等信息查询封印装拆记录信息（见图 5-68）。

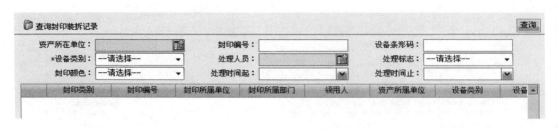

图 5-68　封印装拆信息

（6）查询配送需求。根据需求单位、设备类别、配送类别、设备型号、设备状态、需求月份等信息查询配送需求计划（见图 5-69）。

图 5-69 配送需求信息

（7）查询配送计划。根据制定单位、设备类别、计划类型、设备型号、计划月份的信息查询配送计划（见图 5-70）。

图 5-70 配送计划信息

（8）查询配送任务。可以按照配送单位、设备类别、申请信息、设备型号或配送时间查询配送任务信息。其中设备类别包括电能表、电压互感器和电流互感器等（见图 5-71）。

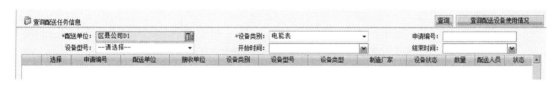

图 5-71 配送任务信息

（9）资产查询。选择设备类别、输入条码号，查询资产具体信息。可查询资产基本信息、对应的用户信息、计量点信息和状态变化记录信息（见图 5-72）。

图 5-72 资产基本信息

（10）查询库房盘点。每月系统自动生成盘点信息，可对库房盘点信息进行查询（见图 5-73）。

（11）领用封印查询。根据管理单位、领用人员、封印类别、颜色、封印状态信息查询领用的封印信息，还可以查询具体的封印明细（见图 5-74）。

（12）查询未施封明细。选择管理单位、输入用户编号和未施封的设备条形码查询具体的信息（见图 5-75）。

（13）查询封印操作记录。选择管理单位，输入封印编号，可以查询该封印具体的操作记录（见图 5-76）。

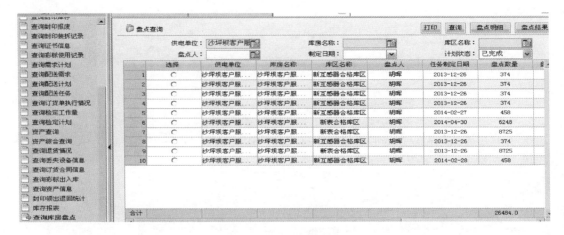

图 5-73　库房盘点信息

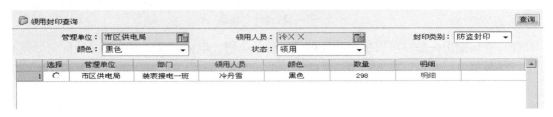

图 5-74　封印领用信息

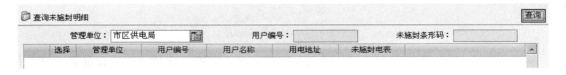

图 5-75　设备未施加封印信息

图 5-76　封印操作信息

（14）查询封印个人情况。选择管理单位和操作人员，查询该人员的封印使用情况，点击蓝色的数量，可以查询具体封印的信息（见图 5-77）。

图 5-77　个人封印使用信息

（15）终端信息查询。选择所在单位，输入出厂编号，查询某个采集终端的具体参数信息（见图 5-78）。

图 5-78　采集终端资产信息查询

（16）终端库存查询。选择管理单位、型号、类别、物料号、采集方式、状态等信息查询终端的库存情况（见图 5-79）。

图 5-79　终端库存信息

（17）电能表超期库存率查询。点击需要查询明细的数量，可显示具体明细清单（见图 5-80）。

图 5-80　电能表库存超期

（18）电能表出装查询统计。系统按月自动统计电能表出装情况供查询（见图 5-81）。

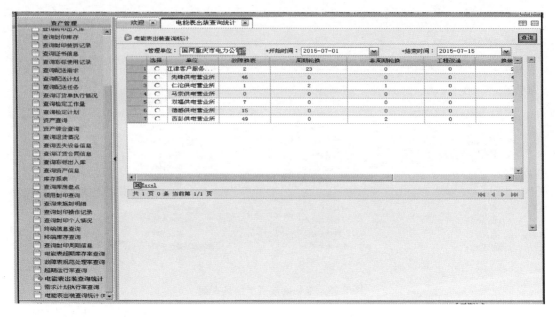

图 5-81　电能表出装统计

5.2.2　报表管理

（1）周期性检验完成率报表。系统按月自动统计电能表周期检验完成情况供查询（见图 5-82）。

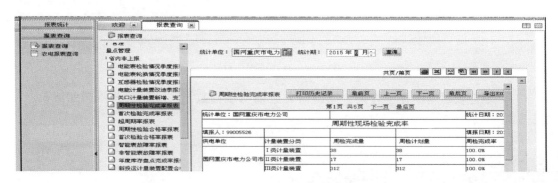

图 5-82　周期检验完成情况

（2）首次检验完成率报表。系统按月自动统计电能表首次检验完成情况供查询（见图 5-83）。

（3）智能表故障率报表。系统按月自动统计智能表故障更换率供查询（见图 5-84）。

（4）智能电表故障率明细。系统按月自动统计智能表故障更换详细信息供查询（见图 5-85）。

（5）专变客户施封不合格明细。系统按月自动统计专变客户施封不合格明细供查询（见图 5-86）。

图 5-83　首次检验完成情况

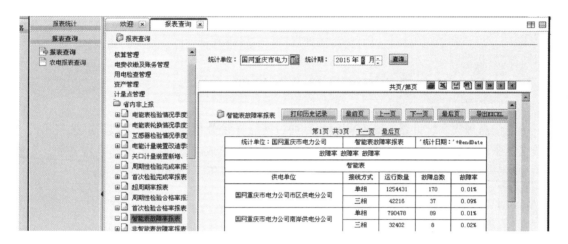

图 5-84　智能表故障更换率

图 5-85　智能表故障更换明细

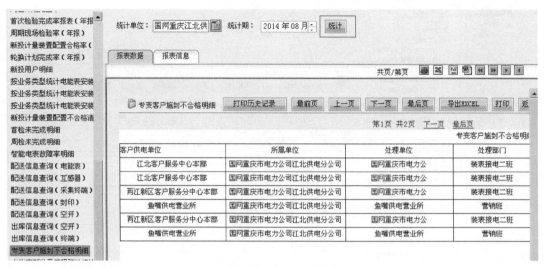

图 5-86　专变客户施封不合格明细

5.3　用电信息采集系统计量业务管理

用电信息采集系统计量在线监测模块是通过建立异常分析规则，利用数据筛选得出的采集数据及事件信息对供电、用电过程进行监测分析，对异常进行分析定位和异常告警。包括单一异常分析、异常主题分析、单一设备期间分析、群分析、异常白名单管理等。

5.3.1　异常分析

（1）单一异常分析。单一异常分析的对象是电能表。异常状态有新异常、本地处理中、营销处理中、已忽略、已处理等（见图 5-87）。

图 5-87　单一异常信息

如果需要发起工单，点击生成工单，工单可在异常处理明细查看（见图 5-88）。

生成工作单后，发起工单，现场处理完成后在系统中归档（见图 5-89）。

（2）异常主题分析。由不同智能诊断主题间的关联关系分析，可以进一步提高对异常信息、故障信息诊断的准确度，通过主站智能分析和现场维护的方式完成计量设备故障的排查、处理。异常主题分析的对象为电能表。

（3）单一设备期间分析。根据单一设备期间分析模型，对通过有效性校验的事件数据进行分析，分析各类事件的发生频次及误报可能性（见图 5-90）。

图 5-88　发起异常处理工单

图 5-89　工单归档

图 5-90　单一设备期间分析

根据期间分析结果信息，用户判定该设备的该事件类别是否为误报或可以忽略事件。也可以对判定为误报和忽略的事件进行撤销。

（4）群分析。通过对同一台区、同一线路下的多台设备进行电能示值比对分析，发现伪数据、串户等异常。

（5）异常白名单管理。查询计量装置各类异常信息，支持对白名单的有效状态、有效时间段进行设置，避免异常信息的错误定位（见图 5-91）。

图 5-91　异常白名单管理

5.3.2　异常处理

（1）异常处理统计。统计所有诊断分析得出异常记录分布情况（见图 5-92）。

系统自动统计异常处理完成情况（见图 5-93）。

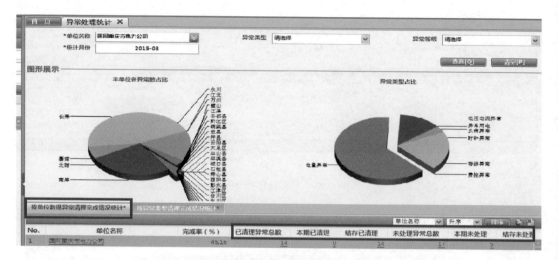

图 5-92　异常分布情况

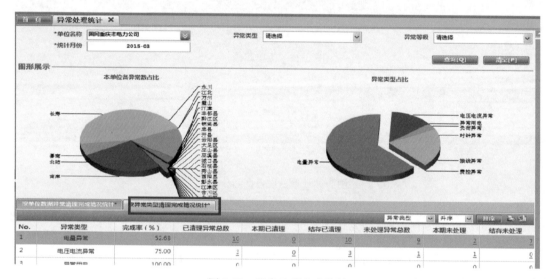

图 5-93　异常处理完成统计

（2）异常处理明细。显示异常工单处理明细（见图 5-94）。

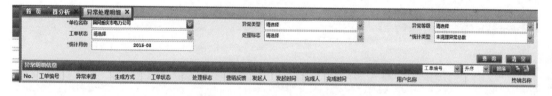

图 5-94　异常工单处理信息

5.3.3　异常统计分析

统计所有智能诊断分析得出的异常记录。

（1）异常综合统计。按用户类别、异常类型、异常等级、处理状态、时间段等维度统计异常数量（见图 5-95）。

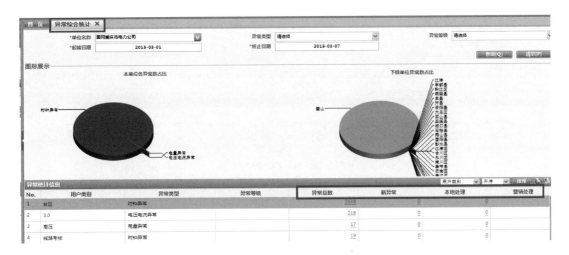

图 5-95　异常综合统计

（2）异常综合查询。查询计量异常、用电异常和采集装置异常的明细信息和流程状态（见图 5-96）。

图 5-96　异常综合查询

5.3.4　计量异常工单处理流程

由采集系统根据计量在线监测异常判定规则对计量异常进行判断。对通过系统确认为异常的事件，点击"生成工单"，加入待办处理事项（见图 5-97）。

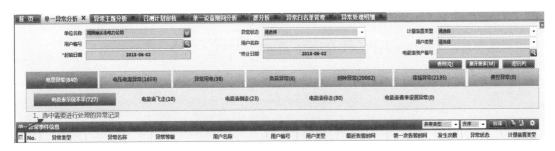

图 5-97　发起计量异常处理工单

可查询加入待办事项的异常记录以及异常处理记录，点击"派发"，则将该工单指派到指定人员。在异常处理明细页面点击发起工单，生成工单后会弹出派工的确认信息，选择派工后会出现派工的页面，可指定工单的处理人员（见图 5-98）。

指派人到现场对计量异常工单进行现场检查，落实异常原因。现场检查后，录入现场的处理人员、处理标志、处理时间以及对现场状态的描述（见图 5-99）。

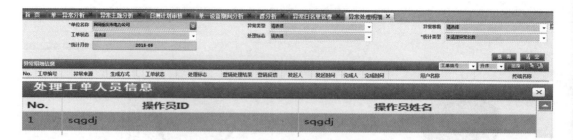

图 5-98　异常处理派工

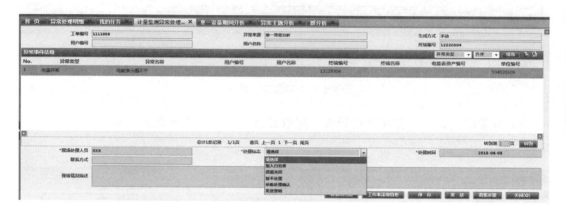

图 5-99　录入现场处理信息

对计量异常工单的事件信息以及现场核查处理情况进行审核（见图 5-100）。

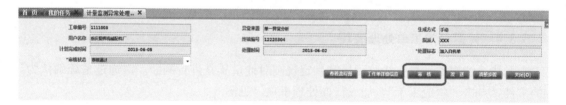

图 5-100　处理情况审核

对审核通过的工单进行归档，工单结束（见图 5-101）。

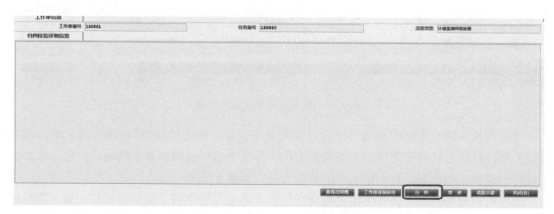

图 5-101　工单归档

附表 1   低压装表班报表明细

序号	报表名称	填报周期	填报责任人	填报要求	报送日期	报送对象	备注
1	工作日志	每日填报	班组长	将本班每日的工作内容作简要记录，按月装订成册	无	无	
2	月工作总结	每月填报	班组长	按月总结本班各类工作完成情况	次月1日	计量专责	
3	运维材料需求计划表						
4	低压计量装置装、换、拆工作单	每日填报	工作人员	规范完整填写计量装置装、换、拆各类信息，按月装订成册	无	无	
5	台区表及台区下单、三相表统计信息	每日填报	工作人员	规范完整填写台区表及台区下单、三相电能表安装信息，按月装订成册	无	无	
6	电能计量装置故障、异常处理单						
7	智能电能表故障信息汇总表	每月填报	班组长	对故障更换的智能电能表信息进行月度汇总，每月按时报送	次月1日	计量专责	
8	智能电能表故障信息统计表	每月填报	班组长	对故障更换的智能电能表信息进行月度填报，每月按时报送	次月1日	计量专责	
9	非智能表故障统计表	每月填报	班组长	对故障更换的非智能电能表信息进行月度填报，每月按时报送	次月1日	计量专责	
10	低压微型断路器故障信息汇总表	每月填报	班组长	对故障更换的低压微型断路器信息进行月度汇总，每月按时报送	次月1日	计量专责	
11	低压微型断路器故障信息统计表	每月填报	班组长	对故障更换的低压微型断路器信息进行月度填报，每月按时报送	次月1日	计量专责	
12	封印设备盘点登记表	每月填报	班组长	按月统计各班组成员封印设备使用和盘点情况	次月1日	计量专责	

附表 2   高压装表班报表明细

序号	报表名称	填报周期	填报责任人	填报要求	报送日期	报送对象	备注
1	工作日志	每日填报	班组长	将本班每日的工作内容作简要记录，按月装订成册	无	无	
2	月工作总结	每月填报	班组长	按月总结本班各类工作完成情况	次月1日	计量专责	
3	运维材料需求计划表	每月填报	班组长	将本班运维材料按月填报，以便了解班组运维材料需求	次月1日	计量专责	

序号	报表名称	填报周期	填报责任人	填报要求	报送日期	报送对象	备注
4	计量物资台账	每月填报	工作人员	统计本班材料出入库和剩余物资情况	次月1日	班组长	
5	客户电能计量装置统计表	每月填报	班组长	按月填报客户贸易结算电能计量装置安装、更换档案信息	次月1日	计量专责	
6	变电站贸易结算统计表	每月填报	班组长	按月填报变电站贸易结算电能计量装置安装、更换档案信息	次月1日	计量专责	
7	开闭所贸易结算统计表	每月填报	班组长	按月填报开闭所贸易结算电能计量装置安装、更换档案信息	次月1日	计量专责	
8	变电站关口统计表	每月填报	班组长	按月填报变电站关口电能计量装置安装、更换档案信息	次月1日	计量专责	
9	电能计量装置验收记录单	每日填报	工作人员	对照清单内容完成计量装置的新投验收工作,按月装订成册	当日填写	无	
10	高压计量装置装、拆、换工作单	每日填报	工作人员	规范完整填写计量装置装、换、拆各类信息,按月装订成册	当日填写	无	
11	电能计量装置故障及异常处理单	每日填报	工作人员	完整填写和记录现场工作时发现的电能计量装置故障或异常信息,按月装订成册	当日填写	无	
12	Ⅰ、Ⅱ类电能计量装置配置表	每日填报	班组长	对新投的Ⅰ、Ⅱ类电能计量装置投运后5个工作日报送,按月装订成册	当日填写	计量专责	
13	新增(变更)Ⅰ、Ⅱ类电能计量装置首次检验申请表	每日填报	班组长	对新投的Ⅰ、Ⅱ类电能计量装置投运后5个工作日报送,按月装订成册	当日填写	计量专责	
14	智能电能表故障信息汇总表	每月填报	班组长	对故障更换的智能电能表信息进行月度汇总,每月按时报送	次月1日	计量专责	
15	智能电能表故障信息统计表	每月填报	班组长	对故障更换的智能电能表信息进行月度填报,每月按时报送	次月1日	计量专责	
16	非智能表故障统计表	每月填报	班组长	对故障更换的非智能电能表信息进行月度填报,每月按时报送	次月1日	计量专责	
17	封印设备盘点登记表	每月填报	班组长	按月统计各班组成员封印设备使用和盘点情况	次月1日	计量专责	

附表 3   检验检测班报表明细

序号	报表名称	填报周期	填报要求	填报责任人	报送日期	报送对象	备注
1	工作日志	每日填报	将本班每日的工作内容作简要记录，每月装订成册	班长	无	无	
2	月工作总结	每月填报	按月对班组各项工作完成情况进行总结	班长	次月1日	计量专责	
3	年（月）关口电能表周期现场检验计划及完成情况	每月/年填报	每年12月25日前完成次年全年关口电能表现场检验计划，每月按计划填写完成情况	班长	次月1日（12月25日）	计量专责	
4	年（月）客户电能表周期现场检验计划及完成情况	每月/年填报	每年12月25日前完成次年全年客户电能表现场检验计划，每月按计划填写完成情况	班长	次月1日（12月25日）	计量专责	
5	关口电能表现场检验记录单	每日填报	规范完整地填报各项检验记录，每月装订成册	工作人员	实时记录	班长	
6	客户电能表现场检验记录单	每日填报	规范完整地填报各项检验记录，每月装订成册	工作人员	实时记录	班长	
7	电能表现场抽检试验数据表	每日填报	规范完整地填报各项检验记录，每月/年装订成册	班长	次月1日（全年计划完成时汇总）	计量专责	
8	客户临时检验工作单	每日填报	对临时检验各环节进行详细记录，每月装订成册	工作人员	实时记录	班长	
9	新增（变更）Ⅰ、Ⅱ、Ⅲ类电能计量装置配置表	每日/月填报	规范完整填写报表数据，建立具体翔实的档案资料，每月/年装订成册	班长	次月1日（12月25日）	计量专责	
10	电能计量装置故障、异常处理单	每日填报	对现场工作遇到的各类故障及异常进行各环节详细记录，每月装订成册	工作人员	实时记录	班长	
11	电能计量仪器仪表登记及送检记录	每月填报	严格按照送校周期开展设备送检，每月对数据进行更新，对纸制检验报告归档	班长	次月1日	计量专责	
12	封印设备盘点登记表	每月填报	按月统计各班组成员封印设备使用和盘点情况	班长	次月1日	计量专责	

附表 4   资 产 班 报 表 明 细

序号	报表名称	填报周期	填报要求	填报责任人	报送日期	报送对象	备注
1	月工作总结	每月填报	每月对本班组工作完成情况进行总结	班长	次月1日	计量专责	
2	电能计量器具入库统计表	每日填报	填报信息需与实物信息一致，每月装订成册	资产管理员	无	无	
3	封印出库台账	每日填报	填报信息需与实物信息一致，每月装订成册	资产管理员	无	无	
4	计量资产出库明细	每日填报	填报信息需与实物信息一致，每月装订成册	资产管理员	无	无	

序号	报表名称	填报周期	填报要求	填报责任人	报送日期	报送对象	备注
5	计量设备库存盘点汇总表	每月填报	填报信息需与实物信息一致，每月装订成册	班长	次月1日	计量专责	
6	计量资产库存盘点台账	每月填报	填报信息需与实物信息一致，每月装订成册	班长	次月1日	计量专责	
7	电能计量器具回收台账	每日填报	填报信息需与实物信息一致，每月装订成册	资产管理员	无	无	
8	待报废设备移交清单	每季度填报	填报信息需与实物信息一致，每季度报送	班长	每季度第一月1日	计量专责	
9	利旧电能表计量器具转库单	利旧填报	填报信息需与实物信息一致，根据具体时间报送	班长	根据具体时间填报	计量专责	
10	智能电能表故障信息汇总表	每月填报	填报信息需与实物信息一致，每月报送	班长	次月1日	计量专责	
11	智能电能表故障信息统计报表	每月填报	填报信息需与实物信息一致，每月报送	班长	次月2日	计量专责	
12	低压电流互感器故障信息汇总表	每月填报	填报信息需与实物信息一致，每月报送	班长	次月3日	计量专责	
13	低压电流互感器故障信息统计表	每月填报	填报信息需与实物信息一致，每月报送	班长	次月4日	计量专责	
14	采集设备故障信息汇总表	每月填报	填报信息需与实物信息一致，每月报送	班长	次月5日	计量专责	
15	采集设备故障信息统计表	每月填报	填报信息需与实物信息一致，每月报送	班长	次月6日	计量专责	
16	非智能表故障统计表	每月填报	填报信息需与实物信息一致，每月报送	班长	次月7日	计量专责	
17	低压微型断路器故障信息汇总表	每月填报	填报信息需与实物信息一致，每月报送	班长	次月8日	计量专责	
18	低压微型断路器故障信息统计表	每月填报	填报信息需与实物信息一致，每月报送	班长	次月9日	计量专责	

附表5　　　　　　　　　电压互感器现场检验标准化作业卡

工作日期：　　年　　月　　日　　　　　　　　工作票（工作任务单）编号：

客户（变电站）名称			互感器型号规格		
项目	序号	内容		危险点	执行
作业准备	1	办理工作票许可（责任人：工作负责人） （1）告知客户或委托方有关人员，说明工作内容。 （2）办理工作许可手续。在客户电气设备上工作时应由供电公司与客户方进行双许可，双方在工作票上签字确认。客户方由具备资质的电气工作人员许可，并对工作票中安全措施的正确性、完备性，现场安全措施的完善性以及现场停电设备有无突然来电的危险负责。 （3）会同工作许可人检查现场的安全措施是否到位，检查危险点预控措施是否落实。 （4）必须严格履行停电、验电、装设接地线、悬挂标示牌和装设遮栏等技术措施后方可工作		线路名称、调度编号及间隔错误，安全措施不完善	

项目	序号	内容	危险点	执行
作业准备	2	检查并确认安全、技术工作措施（责任人：工作负责人） （1）按工作票（派工单）核对被试电压互感器的线路名称、调度编号及间隔是否正确，经工作许可人和工作负责人（监护人）复核正确无误。 （2）工作负责人向工作班成员详细说明在试验区应注意的安全注意事项，交代工作任务和安全措施，进行工作分工。 （3）准备好工作用的试验设备及其他器具。 （4）将试区区域围好安全遮栏，并向外挂"止步，高压危险"标示牌	（1）安全措施交代不清楚。 （2）试验设备或工器具遗漏。 （3）安全遮栏标示牌悬挂不规范	
	3	班前会（责任人：工作负责人、专责监护人） 交代工作内容、人员分工、带电部位和现场安全措施，进行危险点告知，进行技术交流，并履行确认手续		
作业过程	4	连接测试线（责任人：工作班成员） （1）根据 GB 20840.3《互感器　第3部分：电磁式电压互感器的补充技术要求》、GB/T 20840.5《互感器　第5部分：电容式电压互感器的补充技术要求》、GB 20840.1《互感器　第1部分：通用技术要求》和 JJG 1021《电力互感器检定规程》规定进行测试线连接。对于电容式电压互感器，用于载波通信的电容式电压互感器，应短载载波接入端子。 （2）一次测试线连接：将被试电压互感器完全从运行回路中脱离出来，并与标准电压互感器一次并联。被试电压互感器一次导线不应有接地点，不得和其他任何线路连接，若有应拆除一次导线，按照电压等级要求与被试电压互感器保持安全距离。 （3）记录被试电压互感器铭牌技术参数，一人记录一人复查。 （4）二次测试线连接：打开被试电压互感器二次端子密封盖，将二次接线做好标记和记录，由专人检查标记和记录与实际接线无误后再拆除。 （5）将被试电压互感器二次与标准电压互感器二次进行测试线连接。对多绕组被试电压互感器，应严禁非测试二次绕组短路	（1）测试线连接不正确。 （2）一次测试线连接不正确。 （3）被试电压互感器铭牌技术参数记录错误。 （4）电压互感器二次接线未做标记和记录，未由专人检查。 （5）电压互感器二次短路	
	5	误差测试及记录测试数据（责任人：工作班成员） （1）在监护人的监护下接试验电源，根据需要接入所需的电压参数，注意刀闸和电源盘应处于断开状态。 （2）检查试验接线回路是否正确无误。 （3）根据 GB 20840.3《互感器　第3部分：电磁式电压互感器的补充技术要求》、GB/T 20840.5《互感器　第5部分：电容式电压互感器的补充技术要求》、GB 20840.1《互感器　第1部分：通用技术要求》和 JJG 1021《电力互感器检定规程》规定及被试电压互感器各绕组准确度要求，对规定的测试点进行测试，准确记录测试数据。改接一次接线必须对高压回路进行放电。 （4）试验完毕后，断开刀闸，在监护人的监护下拆除试验电源	（1）接试验电源失去监护。 （2）未检查试验接线回路是否正确。 （3）测试数据记录有误。 （4）失去监护	
	6	恢复被试电压互感器导线（责任人：工作班成员） （1）恢复被试电压互感器二次导线。将被试电压互感器的二次接线按照标记和记录恢复。由专人检查恢复后的接线与标记和记录无误后盖上二次端子密封盖。 （2）恢复被试电压互感器一次导线	（1）未按标记和记录恢复二次接线，未由专人检查。 （2）被试电压互感器一次导线连接不规范	
作业终结	7	现场工作终结（责任人：工作负责人、工作班成员） （1）现场作业完毕，拆除安全措施，作业人员应清点个人工器具、设备，并清理现场，请客户对工单信息及现场工作进行签字确认。	（1）试验现场遗留杂物。	

项目	序号	内容	危险点	执行
作业终结	7	(2) 向值班员报告工作完成情况，结束工作票，填写修试记录。 (3) 工作结束，离开工作现场	(2) 修试记录填写有误	
	8	系统数据维护及工单归档 (1) 3个工作日内在系统中进行信息数据维护。 (2) 工作票或工作任务（派工）单、客户现场工作作业风险预控卡、标准化作业卡等现场作业记录，班组应按月妥善留档存放	(1) 系统数据录入错误。 (2) 原始记录信息不全或未按日期按月整理留存	
备注				

工作负责人：　　　　　　　监护人：　　　　　　　工作班成员：

附表6　　　　　　　　电流互感器现场检验标准化作业卡

工作日期：　　年　　月　　日　　　　　　　　工作票（工作任务单）编号：

客户（变电站）名称			互感器型号规格		
项目	序号	内容	危险点		执行
作业准备	1	办理工作票许可（责任人：工作负责人） (1) 告知客户或委托方有关人员，说明工作内容。 (2) 办理工作票许可手续。在客户电气设备上工作时应由供电公司与客户方进行双许可，双方在工作票上签字确认。客户方由具备资质的电气工作人员许可，并对工作票中安全措施的正确性、完备性，现场安全措施的完善性以及现场停电设备有无突然来电的危险负责。 (3) 会同工作许可人检查现场的安全措施是否到位，检查危险点预控措施是否落实。 (4) 必须严格履行停电、验电、装设接地线、悬挂标示牌和装设遮栏等技术措施后方可工作	线路名称、调度编号及间隔错误、安全措施不完善		
	2	检查并确认安全、技术工作措施（责任人：工作负责人） (1) 按工作票（派工单）核对被试电流互感器的线路名称、调度编号及间隔是否正确，经工作许可人和工作负责人（监护人）复核正确无误。 (2) 工作负责人向工作班成员详细说明在试验区应注意的安全注意事项，交代工作任务和安全措施，进行工作分工。 (3) 准备好工作用的试验设备及其他工器具。 (4) 将试验区域围好安全遮栏，向外挂"止步，高压危险"标示牌	(1) 安全措施交代不清楚。 (2) 试验设备或工器具遗漏。 (3) 安全遮栏悬挂不规范		
	3	班前会（责任人：工作负责人、专责监护人） 交代工作内容、人员分工、带电部位和现场安全措施，进行危险点告知，进行技术交流，并履行确认手续			
作业过程	4	连接测试线（责任人：工作班成员） (1) 根据 GB 20840.1《互感器　第1部分：通用技术要求》、GB 20840.2《互感器　第2部分：电流互感器的补充技术要求》和 JJG 1021《电力互感器检定规程》规定进行测试线连接。 (2) 一次测试线连接：将被试电流互感器完全从运行回路中脱离出来，并与标准电流互感器一次串联。被试电流互感器一次导线不应有两个接地点，若有应拆除一个接地点，保证被校电流互感器一次导线始终有一个接地点。 (3) 记录被试电流互感器铭牌技术参数，一人记录一人复查。	(1) 测试线连接不正确。 (2) 一次测试线连接不正确。		

项目	序号	内容	危险点	执行
作业过程	4	（4）二次测试线连接：打开被试电流互感器二次端子密封盖，将二次接线做好标记和记录，由专人检查标记和记录与实际接线无误后再拆除。 （5）将被试电流互感器二次与标准电流互感器二次进行测试线连接。对多绕组被试电流互感器，应将非测试二次绕组进行短路，严禁开路	（3）被试电流互感器铭牌技术参数记录错误。 （4）电流互感器二次接线未做标记和记录，未由专人检查。 （5）电流互感器二次开路	
	5	误差测试及记录测试数据（责任人：工作班成员） （1）在监护人的监护下接试验电源，根据需要接入所需的电压参数，注意刀闸和电源盘应处于断开状态。 （2）检查试验接线回路是否正确无误。 （3）根据 GB 20840.1《互感器 第1部分：通用技术要求》、GB 20840.2《互感器 第2部分：电流互感器的补充技术要求》和 JJG 1021《电力互感器检定规程》规定及被试电流互感器各绕组准确度要求，对规定的测试点进行测试，准确记录测试数据。 （4）试验完毕后，断开刀闸，在监护人的监护下拆除试验电源	（1）接试验电源失去监护。 （2）未检查试验接线回路是否正确。 （3）测试数据记录有误。 （4）失去监护	
	6	恢复被试电流互感器导线（责任人：工作班成员） （1）恢复被试电流互感器二次导线。将被试电流互感器的二次接线按照标记和记录恢复，由专人检查恢复后的接线与标记和记录无误后盖上二次端子密封盖。 （2）恢复被试电流互感器一次导线	（1）未按标记和记录恢复二次接线，未由专人检查。 （2）被试电流互感器一次导线连接不规范	
作业终结	7	现场工作终结（责任人：工作负责人、工作班成员） （1）现场作业完毕，拆除安全措施，作业人员应清点个人工器具、设备，并清理现场，请客户对工单信息及现场工作进行签字确认。 （2）向值班员报告工作完成情况，结束工作票，填写修试记录。 （3）工作结束，离开工作现场	（1）试验现场遗留杂物。 （2）修试记录填写有误	
	8	系统数据维护及工单归档 （1）3个工作日内在系统中进行信息数据维护。 （2）工作票或工作任务（派工）单、客户现场工作作业风险预控卡、标准化作业卡等现场作业记录，班组应按月妥善留档存放	（1）系统数据录入错误。 （2）原始记录信息不全或未按日期按月整理留存	
备注				

工作负责人：　　　　　　　　监护人：　　　　　　　　工作班成员：

附表7　　　**单相电能表现场检验标准化作业卡**

工作日期：　　年　月　日　　　　　　　　工作票（工作任务单）编号：＿＿＿＿＿

客户名称			电能表表号规格		
项目	序号	内容		危险点	执行
作业准备	1	打印工作任务单（责任人：工作负责人） （1）从营销业务系统中，打印现场校验作业工作任务单，确认现场检验人员检定员证应在有效期内。 （2）依据现场检验作业工单，通过营销业务系统、用电信息采集系统，核对用户资料并查询历次换表、抄表记录，初步分析客户用电情况和电能表运行状况			

项目	序号	内容	危险点	执行
作业准备	2	工作预约（责任人：工作负责人） （1）接到现场检验任务后，工作负责人应联系客户，在3个工作日内安排现场检验工作。 （2）了解客户详细地址及用电情况，预约工作时间并请客户配合		
	3	填写并签发工作票（责任人：工作负责人） （1）依据工作任务填写工作票。 （2）办理工作票签发手续。在客户电气设备上工作时应由供电公司与客户方进行双签发。供电方安全负责人对工作的必要性和安全性、工作票上安全措施的正确性、所安排工作负责人和工作人员是否合适等内容负责。客户方工作票签发人对工作的必要性和安全性、工作票上安全措施的正确性等内容审核确认	（1）同一张工作票，工作票签发人、工作负责人、工作许可人三者不得相互兼任。 （2）检查工作票所列安全措施是应正确完备，应符合现场实际条件。防止因安全措施不到位引起人身伤害和设备损坏	
	4	准备现场校验仪（责任人：工作班成员） （1）工作人员根据工作内容携带合适现场检验设备。 （2）应经检定合格，并在有效期内，液晶屏显示正常。应避免运输过程中的设备损坏。检查校验仪电压试验导线、钳形电流互感器连接和绝缘是否良好，中间是否有接头，有无明显的极性标志等	计量检验设备应经周期检定，试验用导线和钳形电流互感器绝缘包裹部分应完好，防止短路、接地	
	5	准备工器具、仪器仪表（责任人：工作班成员） （1）工作人员根据工作内容携带合适充足的工器具、仪器仪表。 （2）工器具、仪器仪表工作状态正常	避免使用不合格工器具引起人身伤害	
作业过程	6	验电、检查、准备校验仪（责任人：工作班成员） （1）查找核对被检电能表所在计量箱、被检电能表位置。 （2）使用验电笔对计量箱进行验电，检查计量箱接地是否可靠。 （3）电能计量柜（箱）封印应完整，应无违约窃电行为、故障隐患和不合理计量方式等异常现象，如出现以上情况应及时上报处理。 （4）将电压试验导线、钳形电流互感器、脉冲采样测试线正确接入校验仪侧，然后用万用表测量电压回路应有较大的直流电阻值，正确选择校验仪工作电源接入方式，以上工作均在无电状态	（1）防止走错计量点，确保被检电能表和客户保持对应。 （2）防止计量箱带电，工作人员误触带电设备。 （3）防止电压连接导线和钳形电流互感器极性错误影响现场检验。 （4）防止接入电压后引起短路或接地	
	7	电能表时钟、时段、组合误差检查（责任人：工作班成员） （1）检查电能表时钟应准确，当时差小于5min时，应现场调整准确。当时差大于5min时视为故障，应查明原因后再决定是否调整。 （2）检查电能表时段设置应符合当前规定。 （3）检查电能表示值应正常，各时段示度器示值电量之和与总计度器示值电量的相对误差应不大0.1%，否则应查明原因，及时处理	（1）防止被检电能表时钟和组合误差超差，造成计量差错，引发电费和服务风险。 （2）电能表时段设置和当前规定不对应，造成计量差错，引发电费和服务风险	
	8	检查异常记录、故障代码等项目（责任人：工作班成员） （1）检查电能表电池状态，当电池电量不足时应及时更换。 （2）检查电能表有无失压、断流等异常记录，有无当前故障代码。	（1）防止被检电能表电池电量不足，引起电能表运行异常。 （2）防止电能表失压、失流，造成电量损失。	

项目	序号	内容	危险点	执行
作业过程	8	(3) 出现失压、断流等异常记录和当前故障代码应查明原因，若影响计量应提出相应的退补电量依据，供相关部门参考。 (4) 检查最后一次编程时间和编程次数	(3) 防止编程时间和次数异常引发窃电	
	9	电能表误差测定（责任人：工作班成员） (1) 将钳形电流互感器、电压试验线、脉冲采样测试线正确接入被检电能表，然后开启校验仪电源，选择正确的接线方式，置入电能表脉冲常数等信息，校验仪通电预热。 (2) 用校验仪测量工作电压、电流、频率、相位等参数，按照以下条件判断是否符合检验条件： 1) 环境温度：0～35℃； 2) 电压对额定值的偏差不应超过±10%； 3) 频率对额定值的偏差不应超过±2%； 4) 当负荷电流低于被检电能表基本电流的10%（对于S级的电能表为5%）或功率因数低于0.5时，不宜进行误差测定； 5) 负荷相对稳定。 (3) 电能表显示功率、电流、电压值应和校验仪测量值偏差不大于1%，否则应查明原因，及时处理。 (4) 在校验仪达到热稳定后，且负荷相对稳定的状态下，实负荷测定被检电能表的误差，测定次数不得少于3次，以三次平均值化整后判断是否合格。当实际误差在最大允许值的80%～120%时，至少应再增加2次测量	(1) 防止不满足检验条件进行检验。 (2) 选取合适挡位的钳形电流互感器，防止过载造成电流互感器损坏。 (3) 钳形电流互感器，应夹接在被试电能表出线侧。电压回路应接在被检电能表接线端钮盒，多余试验接线应固定牢固，不能随意悬挂。 (4) 电能表脉冲信息设置应正确无误，防止误差测定错误	
	10	填写现场检验记录和结果通知单（责任人：工作班成员） (1) 填写"电能表现场检验记录"。 (2) 填写"电能表现场检测结果通知单"	检验记录应请客户签字认可，防止计量争议	
	11	拆除校验仪接线（责任人：工作班成员） (1) 拆除接入被试电能表的脉冲采样导线。 (2) 拆除接入电能表出线端的钳形电流互感器，电能表校验仪显示的电流值从实测值逐渐减少到零。 (3) 关闭校验仪电源开关。 (4) 按照先相线、后零线的顺序，拆除接入电能表端钮盒处的电压测试线。 (5) 拆除整理校验仪侧的电压、电流、脉冲试验线	拆线时应正确穿戴全棉工作服、护目镜、绝缘鞋、绝缘手套、安全帽"五件保"，防止误碰误触带电设备	
作业终结	12	完善封印履行签字认可手续（责任人：工作班成员） 完善电能表和表箱封印、现场检验记录、现场检测结果通知单等记录，抄录封印、客户户号等信息，履行客户签字认可手续	(1) 铅封未完善。 (2) 签字手续未履行	
	13	清理恢复现场（责任人：工作负责人、工作班成员） 现场作业完毕，拆除安全措施，作业人员应清点个人工器具、设备并清理现场，办理工作票终结	(1) 工具、设备遗漏。 (2) 未拆除安全措施。 (3) 未终结手续	
	14	系统数据维护及工单归档（责任人：工作班成员） (1) 1个工作日内在系统中进行检验数据维护。 (2) 工作票或工作任务（派工）单、标准化作业卡、检验工作单、检验记录、电能表现场检测通知单等现场作业记录，应按月妥善留档存放	(1) 系统数据录入错误。 (2) 检验工作单未留档。 (3) 留档信息不全或未按日期按月整理留存	
备注				

工作负责人：　　　　　　　　　监护人：　　　　　　　　　工作班成员：

附表8　　　　　　　　　　三相直接接入式电能表现场检验标准化作业卡

工作日期：　　年　　月　　日　　　　　　　　　　工作票（工作任务单）编号：_____

项目	序号	内容	危险点	执行
	1	打印工作任务单（责任人：工作负责人） （1）从营销业务应用系统中，打印现场校验作业工作任务单，确认现场检验人员检定员证应在有效期内。 （2）依据现场检验作业工单，通过营销信息系统、用电信息采集系统，核对客户资料并查询历次换表、抄表记录，初步分析客户用电情况和电能表运行状况		
	2	工作预约（责任人：工作负责人） （1）接到现场检验任务后，工作负责人应联系客户，在3个工作日内安排现场检验工作。 （2）了解客户详细地址及用电情况，预约工作时间并请客户配合		
作业准备	3	填写并签发工作票（责任人：工作负责人） （1）依据工作任务填写工作票。 （2）办理工作票签手续。在客户电气设备上工作时应由供电公司与客户方进行双签发。供电方安全负责人对工作的必要性和安全性、工作票上安全措施的正确性、所安排工作负责人和工作人员是合合适等内容负责。客户方工作票签发人对工作的必要性和安全性、工作票上安全措施的正确性等内容审核确认	（1）同一张工作票，工作票签发人、工作负责人、工作许可人三者不得相互兼任。 （2）检查工作票所列安全措施是应正确完备，应符合现场实际条件。防止因安全措施不到位引起人身伤害和设备损坏	
	4	准备现场校验仪（责任人：工作班成员） （1）工作人员根据工作内容携带合适的现场检验设备。 （2）应经检定合格，并在有效期内，液晶屏显示正常。应避免运输过程中的设备损坏。检查校验仪电压试验导线、钳形电流互感器连接和绝缘是否良好，中间是否有接头，有无明显的极性标志	计量检验设备应经周期检定，试验用导线和钳形电流互感器绝缘包裹部分应完好，防止短路、接地	
	5	准备工器具、仪器仪表（责任人：工作班成员） （1）工作人员根据工作内容携带合适充足的工器具、仪器仪表。 （2）工器具、仪器仪表工作状态正常	避免使用不合格工器具引起人身伤害	
作业过程	6	验电、检查、准备校验仪（责任人：工作班成员） （1）查找核对被检电能表所在计量箱、被检电能表位置。 （2）使用验电笔对计量箱进行验电，检查计量箱接地是否可靠。 （3）电能计量柜（箱）封印应完整，应无违约窃电行为、故障隐患和不合理计量方式等异常现象，如出现以上情况应及时上报处理。 （4）将电压试验导线、钳形电流互感器、脉冲采样测试线正确接入校验仪侧，用万用表测量电压回路应有较大的直流电阻，正确选择校验仪工作电源接入方式，以上工作均在无电状态	（1）防止走错作业计量点，确保被检电能表和客户保持对应。 （2）防止计量箱带电，工作人员误触带电设备。 （3）防止电压连接导线和钳形电流互感器极性错误影响现场检验。 （4）防止接入电压后引起短路或接地	
	7	电能表时钟、组合误差、时段检查（责任人：工作班成员） （1）检查电能表时钟应准确，当时差小于5min时，应现场调整准确。当时差大于5min时视为故障，应查明原因后再行决定是否调整。 （2）检查电能表时段设置应符合当前规定。	（1）防止被检电能表时钟组合误差超差，造成计量差错，引发电费和服务风险。	

94

项目	序号	内容	危险点	执行
	7	（3）检查电能表示值应正常，各时段计度器示值电量之和与总计度器示值电量的相对误差应不大0.1%，否则应查明原因，及时处理	（2）电能表时段设置和当前电价策略不对应，造成计量差错，引发电费和服务风险	
	8	检查异常记录、故障代码等项目（责任人：工作班成员） （1）检查电能表电池状态，当电池电量不足时应及时更换。 （2）检查电能表有无失压、断流等异常记录，有无当前故障代码。 （3）出现失压、断流等异常记录和当前故障代码应查明原因，若影响计量应提出相应的退补电量依据，供相关部门参考。 （4）检查最后一次编程时间和编程次数	（1）防止被检电能表电池电量不足，引起电能表运行异常。 （2）防止电能表失压、失流，造成电量损失。 （3）防止编程时间和次数异常引发窃电	
作业过程	9	电能表误差测定（责任人：工作班成员） （1）将A、B、C三相钳形电流互感器依次接入被检电能表，将电压试验线N、A、B、C依次接入被检电能表，然后将脉冲采样测试线正确接入被检电能表，开启校验仪电源，选择正确的接线方式，置入电能表脉冲常数等信息，校验仪通电预热。 （2）用校验仪测量工作电压、电流、频率、相位等参数，按照以下条件判断是否符合检验条件： 1）环境温度：0～35℃； 2）电压对额定值的偏差不应超过±10%； 3）频率对额定值的偏差不应超过±2%； 4）当负荷电流低于被检电能表基本电流的10%（对于S级的电能表为5%）或功率因数低于0.5时，不宜进行误差测定； 5）负荷相对稳定。 （3）电能表显示功率、电流、电压值应和校验仪测量值偏差不大于1%，否则应查明原因，及时处理。 （4）在校验仪达到热稳定后，且负荷相对稳定的状态下，实负荷测定被检电能表的误差，测定次数不得少于3次，以三次平均值化整后判断是否合格。当实际误差在最大允许值的80%～120%时，至少应再增加2次测量	（1）防止不满足检验条件进行检验。 （2）选取合适挡位的钳形电流互感器，防止过载造成电流互感器损坏。 （3）钳形电流互感器，应夹接在被试电能表出线侧。电压回路应接在被检电能表接线端钮盒，多余试验接线应固定牢固，不能随意悬挂。 （4）电能表脉冲信息设置应正确无误，防止误差测定错误	
	10	填写现场检验记录和结果通知单（责任人：工作班成员） （1）填写"电能表现场检验记录"。 （2）填写"电能表现场检测结果通知单"	检验记录应请客户签字认可，防止计量争议	
	11	拆除校验仪接线（责任人：工作班成员） （1）拆除接入被试电能表的脉冲采样导线。 （2）依次拆除接入电能表出线端的A、B、C三相钳形电流互感器，电能表校验仪显示的电流值从实测值逐渐减少到零。 （3）关闭校验仪电源开关。 （4）依次拆除接入电能表端钮盒处的A、B、C、N三相电压测试线。 （5）拆除整理校验仪侧的电压、电流、脉冲试验线	拆线时应正确穿戴全棉工作服、护目镜、绝缘鞋、绝缘手套、安全帽"五件保"，防止误碰误触带电设备	
作业终结	12	完善封印履行签字认可手续（责任人：工作班成员） 完善电能表和表箱封印、现场检验记录、现场检测结果通知单等记录，抄录封印、客户户号等信息，履行客户签字认可手续	（1）铅封未完善。 （2）签字手续未履行	
	13	清理恢复现场（责任人：工作负责人、工作班成员） 现场作业完毕，拆除安全措施，作业人员应清点个人工器具、设备并清理现场，办理工作票终结	（1）工具、设备遗漏。 （2）未拆除安全措施。 （3）未终结手续	

项目	序号	内容	危险点	执行
作业终结	14	系统数据维护及工单归档（责任人：工作班成员） （1）1个工作日内在系统中进行检验数据维护。 （2）工作票或工作任务（派工）单、标准化作业卡、检验工作单、检验记录、电能表现场检测结果通知单等现场作业记录，应按月妥善留档存放	（1）系统数据录入错误。 （2）留档信息不全或未按日期按月整理留存	
备注				

工作负责人： 　　　　　　监护人： 　　　　　　　　　工作班成员：

附表9　　　　　　　　　　经互感器接入式电能表现场检验标准化作业卡

工作日期：　　年　　月　　日　　　　　　　　　工作票（工作任务单）编号：

客户名称及编号			电能表表号及型号		

项目	序号	内容	危险点	执行
准备工作	1	办理工作票许可（责任人：工作负责人） （1）告知客户或有关人员，说明工作内容。 （2）办理工作许可手续。在客户电气设备上工作时应由供电公司与客户方进行双许可，双方在工作票上签字确认。客户方由具备资质的电气工作人员许可，并对工作票中安全措施的正确性、完备性，现场安全措施的完善性以及现场停电设备有无突然来电的危险负责。 （3）会同工作许可人检查现场的安全措施是否到位，检查危险点预控措施是否落实	（1）防止因安全措施落实引起人身伤害和设备损坏。 （2）工作负责人、工作监护人、工作许可人三者不可兼任。 （3）确认现场检验人员检定员证应在有效期内	
	2	检查确认安全技术措施（责任人：工作班成员） （1）高、低压设备应根据工作票所列安全要求，落实安全措施。在客户设备上作业时，作业人员在作业前应要求客户开启电能表柜（箱、屏）当面验电，为避免客户验电器故障造成的误判断，必要时作业人员还可使用自带验电器（笔）重复验电。 （2）要掌握客户电气设备的运行状态、有无倒送电的可能，在不能确定的情况下，视为设备带电，按照带电作业要求开展工作。 （3）应在作业现场装设临时遮栏，将作业点与邻近带电间隔或带电部位隔离。 （4）工作中应保持与带电设备的安全距离	（1）进入现场工作，至少由两人进行。 （2）工作人员应正确使用合格的个人劳动防护用品。 （3）进入现场应保持与带电设备的安全距离。 （4）严禁在未采取任何监护措施和保护措施情况下现场作业	
	3	班前会（工作负责人、专责监护人、工作班成员） 交代工作内容、人员分工、带电部位和现场安全措施，进行危险点告知和技术交底，并履行确认手续	防止危险点未告知或分工不明确，引起人身伤害和设备损坏	
	4	现场核对（责任人：工作班成员） 在现场核对工作范围、工作内容等是否相符，并对客户、计量装置资料进行核对，包括被检验电能表资产编号、型号和规格等是否与作业工单所列信息一致	核对工作任务单与现场信息是否一致，防止走错工作位置	
	5	接取临时电源（责任人：工作班成员） 接取电源前应先验电，用万用表确认电源电压等级和电源类型无误后才接取电源	接取临时电源时安排专人监护。检查电源盘漏电保护器工作是否正常	
检验过程	6	验电（责任人：工作班成员） （1）查找核对被检电能表所在计量箱和被检电能表位置。 （2）使用验电笔（器）对计量柜（箱）金属裸露部分进行验电，并检查计量柜（箱）接地是否可靠	核查前使用验电笔（器）验明计量柜（箱）和电能表等带电情况，防止人员触电	

项目	序号	内容	危险点	执行
检验过程	7	外观检查（责任人：工作班成员） 电能计量柜（箱）应有非许可操作的措施，封印完整，观察窗清洁完好，各计量器具安装、运行环境条件符合要求	发现异常情况应进行整改	
	8	计量异常检查（责任人：工作班成员） 应无违约窃电行为、故障隐患和不合理计量方式等异常现象，如出现以上情况应及时上报处理	发现异常情况应停止工作，通知用电检查（稽查）人员处理	
	9	校验仪检查和接线（责任人：工作班成员） 检查校验仪电压试验导线、电流试验导线连接和绝缘强度是否良好，中间是否有接头，有无明显的极性和相别标志，将电压试验导线、电流试验导线、脉冲采样测试线、电源线正确接入校验仪侧。选择工作电源接入方式（内置或外置）。用万用表测量电压回路应有较大的直流电阻，测量电流回路应处于导通状态。以上工作均为无电状态进行	防止电压二次回路短路或接地，防止电流二次回路开路	
	10	电能表时钟、时段检查（责任人：工作班成员） （1）检查电能表时钟应准确，当时差小于5min时，应现场调整准确；当时差大于5min时视为故障，应查明原因后再行决定是否调整。 （2）检查电能表时段设置应符合当前规定。 （3）检查电能表示值应正常，正向、反向各时段计度器示值电量之和与总计度器示值电量的相对误差应不大0.1%，否则应查明原因，及时处理	（1）防止被检电能表时钟和组合误差超差，造成计量差错，引发电费和服务风险。 （2）电能表时段设置和当前电价策略不对应，造成计量差错，引发电费和服务风险	
	11	检查异常记录、故障代码等项目（责任人：工作班成员） （1）检查电能表电池状态，当电池电量不足时应现场及时更换。 （2）检查电能表有无失压、断流等异常记录，有无当前故障代码。 （3）出现失压、断流等异常记录和当前故障代码应查明原因，若影响计量应提出相应的退补电量依据，供相关部门参考。 （4）检查最后一次编程时间和编程次数。 （5）检查最大需量值。 （6）核对计量倍率与互感器实际倍率应相符。 （7）以上检查中发现故障异常，直接转入异常处理流程	（1）防止被检电能表电池电量不足，引起电能表运行异常。 （2）防止电能表失压、失流，造成电量损失。 （3）防止编程时间和次数异常引发窃电。 （4）防止计量倍率错误，引发计量差错	
	12	检查主副表电量相对误差（责任人：工作班成员） 主副电能表正向、反向所计电量之差与主表正向、反向所计电量的相对误差应小于电能表准确度等级值的1.5倍		
	13	电能表误差测定（责任人：工作班成员） （1）将A、B、C三相电流测试导线正确接入被检电能表的试验接线盒电流端子，按照N、A、B、C顺序依次将电压导线正确接入被检表表尾处，然后将脉冲采样测试线正确接入被检电能表。正确选择电源置入方式，合上电源开关，开启校验仪电源，校验仪通电预热。正确选择接线方式，置入现场检验参数，在现场校验仪电流监视界面状态下，逐相断开电流回路连接片。 （2）用校验仪测量工作电压、电流、频率、相位、波形失真等参数，按照以下条件判断是否符合检验条件： 1）环境温度：0~35℃； 2）电压对额定值的偏差不应超过±10%； 3）频率对额定值的偏差不应超过±2%；	（1）防止不满足条件进行检验。 （2）检验时应保证电流导线牢固可靠地接入联合接线盒端子后再打开电流连接片，防止电压二次回路短路或接地，防止电流二次回路开路。 （3）电压回路应接在被检电能表接线端钮盒。 （4）接线方式和被检电能表参数置入应准确无误。	

项目	序号	内容	危险点	执行
检验过程	13	4）当负荷电流低于被检电能表基本电流的10%（对于S级的电能表为5%）或功率因数低于0.5时，不宜进行误差测定； 5）负荷相对稳定。 （3）测量电压幅值、电流幅值、相位，以及电压、电流波形失真度应正常，电能表显示功率、电流、电压值应和校验仪测量值偏差不大于1%，通过相量图核实接线是否正确，当发现接线有误时应填写检查报告，告知客户认可，通知相关人员及时处理。 （4）在校验仪达到热稳定后，且负荷相对稳定的状态下，实负荷测定被检电能表的误差，测定次数不得少于3次，以3次平均值化整后判断是否合格。当实际误差在最大允许值的80%～120%时，至少应再增加2次测量	（5）多余试验接线应固定牢固，不能随意悬挂。 （6）检查电压、电流波形失真度，检查客户非线性负载接入情况以及有无窃电嫌疑	
	14	拆除试验接线盒处的试验导线（责任人：工作班成员） （1）拆除被检电能表侧的脉冲测试导线。 （2）恢复试验接线盒内A、B、C电流连片，观察电能表检验仪显示的电流值从实测值逐渐减少到零后，拆除试验接线盒侧的电流连接线。 （3）关闭校验仪电源。 （4）拆除表尾处的A、B、C、N电压连接线	防止电压二次回路短路或接地，防止电流二次回路开路	
	15	检验副表（责任人：工作班成员） 查找核对副电能表和试验接线盒位置，重复作业指导卡第10～14步骤，测定副电能表误差，在第10～14步骤"副表列"处打"√"	有副表时	
	16	拆除校验仪试验导线（责任人：工作班成员） 先拆除校验仪侧的电源线，然后拆除电压、电流、脉冲试验线		
	17	核对功率（责任人：工作班成员） 检查被检验计量装置接线是否恢复正常，应将电能表显示的二次功率乘以计量倍率之后与客户实际一次功率（如控制屏盘表、监视仪表中功率值）核对	发现功率异常时应进行检查	
	18	粘贴合格证（责任人：工作班成员） 如检验合格，则粘贴现场检验合格证；如不合格，则按照故障电能表处理流程流转		
检验终结	19	完善封印履行签字认可手续（责任人：工作班成员） 完善电能表和表箱封印等信息，抄录封印、客户户号等信息，完善电能表现场检验记录，履行客户签字认可手续	（1）铅封未完善。 （2）签字手续未履行	
	20	清理恢复现场（责任人：工作负责人、工作班成员） 现场作业完毕，拆除安全措施，作业人员应清点个人工器具、设备并清理现场，办理工作票终结	（1）工具、设备遗漏。 （2）未拆除安全措施。 （3）未终结手续	
	21	系统数据维护及工单归档（责任人：工作班成员） （1）1个工作日内在系统中进行检验数据维护。 （2）工作票或工作任务（派工）单、标准化作业卡、检验工作单、检验记录等现场作业记录，应按月妥善留档存放	（1）系统数据录入错误。 （2）检验工作单、检验记录未留档。 （3）留档信息不全或未按日期按月整理留存	
备注				

工作负责人：　　　　　　　　监护人：　　　　　　　　工作班成员：

附表 10 　　　　　　　　　**电能计量装置二次回路检测标准化作业卡**

工作日期：　　年　　月　　日　　　　　　　　　　　　工作票（工作任务单）编号：

项目	序号	内容	危险点	执行
准备工作	1	工作预约（责任人：工作负责人） 根据检测内容提前与客户（公司变电运行部门）联系，核对线路名称，预约现场检测时间		
	2	打印工作任务单（责任人：工作负责人） 打印工作任务单，同时核对计量设备技术参数与相关资料		
	3	办理工作票签发（责任人：工作负责人） （1）依据工作任务填写工作票。 （2）办理工作票签发手续。在客户高压电气设备上工作时应由供电公司与客户方进行双签发。供电方安全负责人对工作的必要性和安全性、工作票上安全措施的正确性、所安排工作负责人和工作人员是否合适等内容负责。客户方工作票签发人对工作的必要性和安全性、工作票上安全措施的正确性等内容审核确认	（1）电压互感器二次回路压降测试不得少于 4 人（含工作负责人），电压互感器端子箱处和电能表屏处各 2 人。 （2）检查工作票所列安全措施是应正确完备，应符合现场实际条件。防止因安全措施不到位引起人身伤害和设备损坏	
	4	准备材料（责任人：工作班成员） 根据工作票所列安全措施和工作内容，准备齐全相关材料	核对材料、封印信息，避免错领	
	5	检查试验设备（责任人：工作班成员） 检查试验设备是否符合检测要求		
	6	检查工器具（责任人：工作班成员） 选用合格的安全工器具，检查对讲机等工器具应完好、齐备	避免使用不合格工器具引起机械伤害	
	7	检查外部测试条件（责任人：工作班成员） 查看现场电能表至电压互感器端子箱的距离，确保放线安全	确保放线位置不出现潮湿、被车辆碾压的情况	
	8	办理工作许可手续（责任人：工作负责人） （1）告知客户或有关人员，说明工作内容。 （2）办理工作票许可手续。在客户电气设备上工作时应由供电公司与客户方进行双许可，双方在工作票上签字确认。客户方由具备资质的电气工作人员许可，并对工作票中安全措施的正确性、完备性、现场安全措施的完善性以及现场停电设备有无突然来电的危险负责。 （3）会同工作许可人检查现场的安全措施是否到位，检查危险点预控措施是否落实	防止因安全措施未落实引起人身伤害和设备损坏	
	9	检查确认安全措施（责任人：工作负责人） （1）高、低压设备应根据工作票所列安全要求，落实安全措施。工作负责人在作业前应要求工作票许可人当面验电；必要时工作负责人还可使用自带验电器（笔）重复验电。 （2）低压作业前必须先验电。要掌握客户电气设备的运行状态、有无倒送电的可能，在不能确定的情况下，视为设备带电，按照带电作业要求开展工作。工作中应保持与带电设备的安全距离	（1）在电气设备上作业时，应将未经验电的设备视为带电设备。 （2）工作人员应正确使用合格的安全绝缘工器具和个人劳动防护用品	
作业过程	10	班前会（责任人：工作负责人、工作班成员） （1）交代工作内容、人员分工、带电部位和现场安全措施，进行危险点告知和技术交底，并履行确认手续。	（1）防止误进入带电间隔，误碰带电设备。 （2）防止危险点未告知或分工不明确，引起人身伤害和设备损坏。	

项目	序号	内容	危险点	执行
	10	（2）检查工作班成员安全防护措施，工作人员应穿纯棉长袖工作服、绝缘鞋，戴安全帽、绝缘手套、护目镜	（3）应正确穿戴纯棉长袖工作服、护目镜、绝缘鞋、绝缘手套、安全帽"五件保"，防止误碰误触带电设备	
	11	计量装置资料核对（责任人：工作班成员） 进行资料核对，包括开关编号、被检测电能计量装置的互感器容量、二次回路长度、二次回路导线的截面积、电能表型号等是否与作业工单所列信息一致	工单内信息与现场不一致应做好记录，查明原因，做好相关信息的更正维护	
	12	验电和计量装置检查（责任人：工作班成员） （1）查找核对被检电压互感器和电流互感器端子箱、被测电能表屏柜位置及对应的计量二次回路。 （2）使用验电笔对电压、电流互感器端子箱、计量屏柜进行验电。 （3）电能计量柜（箱）和电能表封印应完整，应无违约窃电行为、故障隐患和不合理计量方式等异常现象，如出现以上情况应及时上报处理	（1）防止走错作业计量点。 （2）防止计量柜和端子箱带电，工作人员误触带电设备。 （3）发现异常情况应通知用电检查（稽查）人员处理	
作业过程	13	压降测试—导线绝缘检查和搭接电源（责任人：工作班成员） （1）在 TV 端子箱处合理摆放测试仪、测试导线、线缆车等设备。 （2）使用绝缘电阻表检查测量导线（包括电缆线车）的每芯间、芯与屏蔽层之间的绝缘电阻，确认测试导线绝缘完好，防止相间或对地短路。连接互感器二次端子和二次压降测试仪之间的导线应该是专用的屏蔽导线，屏蔽层应可靠接地。 （3）搭接测试仪工作电源，电源从工作许可人指定的电源箱接取，电源应配置有明显断开点的刀闸和漏电保护器	（1）TV 端子箱侧测量。测试绝缘后应将线缆充分放电，防止人员误触。 （2）接取临时电源时安排专人监护。应先对电源箱验电，避免人身触电事故发生	
	14	压降测试自校（责任人：工作班成员） 按仪器自校线路和操作方法进行自校操作	注意避免短路	
	15	压降测试接线（责任人：工作班成员） （1）从测试仪施放电缆至计量屏。施放电缆时设专人监护。 （2）按测试仪说明书要求进行接线，先接仪器端，再接 TV 二次端子和电能表端。 （3）接线时注意通过对讲机进行呼唱。 （4）对于有熔丝或开关的二次回路，应在其上桩头电压测试，接取时应有专人监护	（1）严禁用力拖拽，避免电缆绷紧升高靠近上方高压设备放电，过近造成人身和设备事故。 （2）防止接入其他二次回路。严禁电压互感器二次回路短路或接地	
	16	压降测试（责任人：工作班成员） （1）开启仪器电源，用压降测试仪进行核相。 （2）切换到压降测量功能进行压降测量。 （3）二次回路压降应满足现行 DL/T 448 规程的要求。 （4）完善测试记录	在测试电缆经过的可能有人员或交通工具经过的通道附近，应设专人看护	
	17	拆除压降测试导线（责任人：工作班成员） （1）测试完毕后关闭仪器电源，拆除电能表表尾处接线、电压互感器计量二次回路侧接线。 （2）拆除二次参数测试仪侧电能表端导线，收线缆车的线缆时应注意不要用力拖拽	（1）收起测试电缆时，应注意不可用力拖拽，避免电缆绷紧升高靠近上方高压设备过近造成事故。 （2）收起电缆时应小心电缆外皮破损	
	18	TV 二次负荷测试（责任人：工作班成员） （1）将钳型电流表正确接入仪器侧。	（1）电流钳测点须在取样电压测点的后方。	

项目	序号	内容	危险点	执行
作业过程	18	（2）将电压互感器侧导线、钳型电流表正确接入电压互感器计量二次回路。 （3）开启仪器电源，测试电压互感器计量二次回路负荷，完善测试记录	（2）电压互感器实际二次负荷应在25%～100%额定二次负荷范围内。电压互感器额定二次功率因数应与实际二次负荷的功率因数接近	
	19	TV二次负荷测试导线拆除（责任人：工作班成员） （1）测试完毕后关闭仪器电源，拆除电压互感器计量二次回路侧测试导线和钳型电流表。 （2）拆除仪器侧测试导线和钳型电流表		
	20	TA二次负荷测试（责任人：工作班成员） （1）查找核对电流互感器端子箱及计量二次回路。 （2）将仪器侧电压测试导线和钳型电流表正确接入。 （3）将电压测试导线和钳型电流表正确接入电流互感器计量二次回路。 （4）开启仪器电源，测试电流互感器计量二次回路负荷。完善测试记录	（1）测试电流互感器二次负荷时电流钳测点须在取样电压测点的前方。 （2）电流互感器实际二次负荷应在25%～100%额定二次负荷范围内。 （3）电流互感器额定二次功率因数为0.8～1.0	
	21	TV二次负荷测试导线拆除（责任人：工作班成员） 测试完毕后关闭仪器电源，先拆除电流互感器计量二次回路侧测试导线和钳型电流表，然后拆除仪器侧测试导线和钳型电流表		
作业终结	22	完善封印履行签字认可手续（责任人：工作班成员） 完善电能表端钮盒、计量屏柜、互感器端子箱封印等信息，抄录电能表条形码、封印、客户户号等信息，在测试记录上履行客户签字认可手续	（1）铅封未完善。 （2）签字手续未履行	
	23	清理恢复现场（责任人：工作负责人、工作班成员） 现场作业完毕，拆除安全措施，作业人员应清点个人工器具、设备并清理现场，办理工作票终结	（1）工具、设备遗漏。 （2）未拆除安全措施。 （3）未终结手续	
	24	系统数据维护及工单归档（责任人：工作班成员） （1）1个工作日内在系统中进行测试数据维护。 （2）工作票或工作任务（派工）单、标准化作业卡、检验工作单、测试记录等现场作业记录，应按月妥善留档存放	（1）系统数据录入错误。 （2）测试工作单、测试记录未留档。 （3）留档信息不全或未按日期按月整理留存	
备注				

工作负责人：　　　　　　　监护人：　　　　　　　工作班成员：

附表11　　　　　高压电能表拆除标准化作业卡

工作日期：　　年　　月　　日　　　　　工作票（工作任务单）编号：

客户名称及编号			电能表表号及规格		
项目	序号	内容		危险点	执行
作业准备	1	办理工作票许可（责任人：工作负责人） （1）告知客户或有关人员，说明工作内容。 （2）办理工作票许可手续。在客户电气设备上工作时应由供电公司与客户方进行双许可，双方在工作票上签字确认。客户方由具备资质的电气工作人员许可，并对工作票中安全措施的正确性、完备性，现场安全措施的完善性以及现场停电设备有无突然来电的危险负责。 （3）会同工作许可人检查现场的安全措施是否到位，检查危险点预控措施是否落实		（1）防止因安全措施未落实引起人身伤害和设备损坏。 （2）同一张工作票，工作票签发人、工作负责人、工作许可人三者不得相互兼任	

项目	序号	内容	危险点	执行
作业准备	2	检查并确认安全工作措施（责任人：工作负责人） （1）高、低压设备应根据工作票所列安全要求，落实安全措施。涉及停电作业的必须严格履行停电、验电、装设接地线、悬挂标示牌和装设遮栏等技术措施后方可工作。工作负责人应会同工作票许可人确认停电范围、断开点、接地、标示牌正确无误。工作负责人在作业前应要求工作票许可人当面验电。必要时工作负责人还可使用自带验电器（笔）重复验电。 （2）应在作业现场装设临时遮栏，将作业点与邻近带电间隔或带电部位隔离。工作中应保持与带电设备的安全距离	（1）在电气设备上作业时，应将未经验电的设备视为带电设备。 （2）在高、低压设备上工作，应至少由两人进行，并完成保证安全的组织措施和技术措施。 （3）工作人员应正确使用合格的安全绝缘工器具和个人劳动防护用品。 （4）工作票许可人应指明作业现场周围的带电部位，工作负责人确认无倒送电的可能。 （5）严禁工作人员未履行工作许可手续擅自开启电气设备柜门或操作电气设备。 （6）严禁在未采取任何监护措施和保护措施情况下现场作业	
	3	班前会（责任人：工作负责人、专责监护人） 交代工作内容、人员分工、带电部位和现场安全措施，进行危险点告知，进行技术交底，并履行确认手续	防止危险点未告知和工作班成员状态欠佳，引起人身伤害和设备损坏	
作业过程	4	验电（责任人：工作班成员） （1）核对作业间隔。 （2）使用对应电压等级的验电器验电，确认可靠接地且无电	（1）防止走错间隔。 （2）防止计量柜等带电	
	5	核对信息（责任人：工作班成员） （1）根据装拆工作单核对客户信息、电能表铭牌内容、资产信息、有效检验合格标志等信息，核实拆表原因、方案是否符合现场实际情况。 （2）以上检查中发现故障异常，直接转入异常处理流程	（1）信息核漏项。 （2）发现异常未转入异常处理流程	
	6	检查拆除电能表接线及运行情况（责任人：工作班成员） （1）核对拆除计量装置封印是否完好，封印信息是否与拆除工单信息一致。 （2）比对拆除电能表当前止度与最近一次抄表记录。 （3）检查拆除电能表示值应正常，各时段止度器示值电量之和与总止度器示值电量的相对误差应不大 0.1%。 （4）检查拆除电能表时钟是否偏差超过 5min，时段设置是否正确。 （5）检查需更换电能表最后一次编程时间和次数。 （6）检查拆除电能表是否有报警信息、错误代码等异常显示信息。 （7）检查拆除电能表是否有欠压、失流等事件记录，测量电压、电流、相序等并与电能表显示比对。 （8）以上检查中发现故障异常，直接转入异常处理流程	（1）检查漏项。 （2）发现异常未转入异常处理流程	
	7	记录拆除表信息并拍照留档（责任人：工作班成员） （1）记录拆除电能表当前各项读数、时钟、时段等信息，有功、无功电量止度应包括正向、反向的总、尖、峰、平、谷。 （2）对电能表当前各项读数及时钟、时段拍照留档	（1）电能表当前各项读数信息记录错误或不完整。 （2）未拍照留档	
	8	短接和断开试验接线盒连接片（责任人：工作班成员） 按先电流后电压的顺序，短接试验接线盒内的电流连接片，断开试验接线盒内的电压连接片	（1）严禁电流互感器二次回路开路、电压互感器二次回路短路或接地。	

项目	序号	内容	危险点	执行
作业过程	8		（2）防止发生设备损坏和人身伤害	
	9	拆除电能表及其与试验接线盒的连接线（责任人：工作班成员） （1）用验电笔验电，确认电能表端钮无电。 （2）拆除电能表接线，拆线顺序依次为：先电压线、后电流线，先相线、后零线，先电流进线、后电流出线，从左到右。拆出导线的金属裸露部分用绝缘胶布包裹，防止短路。 （3）拆除电能表固定螺钉，取下电能表。 （4）恢复试验接线盒盖子	（1）未验电。 （2）如电表端接有脉冲线和RS485线等通信导线，应首先拆除。 （3）拆出导线未做绝缘措施	
作业终结	10	现场工作终结（责任人：工作负责人、工作班成员） （1）现场作业完毕，拆除安全措施，作业人员应清点个人工器具、设备、旧表、旧封印等，并清理现场。 （2）请客户对工单信息及现场工作进行签字确认，办理工作票终结	（1）工具、设备、旧表、旧封印等遗漏，未清理。 （2）未拆除安全措施。 （3）未请客户签字确认。 （4）未办理终结手续	
	11	旧资产退库（责任人：工作班成员） （1）工作成员1个工作日内带上拆表单、拆表照片、旧表、旧封印等到表库退旧资产。 （2）表库资产管理员核对拆表单、拆表照片、旧表、旧封印，确认客户信息、资产信息、旧表止度等无误后入库。 （3）核对中发现异常，直接转入异常处理程序	（1）未及时退旧表、旧封印等。 （2）未进行信息核对。 （3）发现异常未转入异常处理流程	
	12	系统数据维护及工单归档（责任人：工作班成员） （1）1个工作日内在系统中进行拆表数据维护。 （2）工作票或工作任务（派工）单、客户现场工作作业风险预控卡、标准化作业指导卡、拆表单（复印件）等现场作业记录，安装班组应按日期妥善留档存放，拆表单原件及时转交营业归档	（1）系统数据录入错误。 （2）拆表单未复印留档	
备注				

工作负责人：　　　　　　监护人：　　　　　　工作班成员：

附表 12　　　　高压电能表更换标准化作业卡

工作日期：　　年　月　日　　　　　　　工作票（工作任务单）编号：

客户名称及编号		电能表表号及规格		
项目	序号	内容	危险点	执行
作业准备	1	办理工作票许可（责任人：工作负责人） （1）告知客户或有关人员，说明工作内容。 （2）办理工作票许可手续。在客户电气设备上工作时应由供电公司与客户进行双许可，双方在工作票上签字确认。客户方由具备资质的电气工作人员许可，并对工作票中安全措施的正确性、完备性，现场安全措施的完善性以及现场停电设备有无突然来电的危险负责。 （3）会同工作许可人检查现场的安全措施是否到位，检查危险点预控措施是否落实	（1）防止因安全措施未落实引起人身伤害和设备损坏。 （2）同一张工作票，工作票签发人、工作负责人、工作许可人三者不得相互兼任	
	2	检查并确认安全工作措施（责任人：工作负责人） （1）高、低压设备应根据工作票所列安全要求，落实安全措施。涉及停电作业的必须严格履行停电、验电、装设接地线、悬挂标示牌和装设遮栏等技术措施后方可工作。工作负责人应会同工作许可人确认停电范围、断开点、接地、标示牌正确无误。工作负责人在作业前应要求工作许可人当面验电。必要时工作负责人还可使用自带验电器（笔）重复验电。	（1）在电气设备上作业时，应将未经验电的设备视为带电设备。 （2）在高、低压设备上工作，应至少由两人进行，并完成保证安全的组织措施和技术措施。	

项目	序号	内容	危险点	执行
作业准备	2	（2）应在作业现场装设临时遮栏，将作业点与邻近带电间隔或带电部位隔离。工作中应保持与带电设备的安全距离	（3）工作人员应正确使用合格的安全绝缘工器具和个人劳动防护用品。 （4）工作票许可人应指明作业现场周围的带电部位，工作负责人确认无倒送电的可能。 （5）严禁工作人员未履行工作许可手续擅自开启电气设备柜门或操作电气设备。 （6）严禁在未采取任何监护措施和保护措施情况下现场作业	
	3	班前会（责任人：工作负责人、专责监护人） 交代工作内容、人员分工、带电部位和现场安全措施，进行危险点告知，进行技术交底，并履行确认手续	防止危险点未告知和工作班成员状态欠佳，引起人身伤害和设备损坏	
作业过程	4	验电（责任人：工作班成员） （1）核对作业间隔。 （2）使用验电笔（器）对计量箱（柜）等进行验电，确认无电	（1）防止走错间隔。 （2）防止计量柜等带电	
	5	核对信息（责任人：工作班成员） （1）根据更换工作单核对客户信息、新、旧电能表铭牌内容、资产信息，有效检验合格标志，时钟是否超差（新电能表不超过 3min，旧电能表不超过 5min），时段设置是否正确等，换表原因、方案是否符合现场实际情况。 （2）检查电能表电池状态，当电池电量不足时应及时更换电能表。 （3）以上检查中发现故障异常，直接转入异常处理流程	（1）信息核实漏项。 （2）发现异常未转入异常处理流程	
	6	检查需更换电能表接线及运行情况（责任人：工作班成员） （1）检查需更换电能计量装置封印是否完好，封印信息是否与更换工单信息一致。 （2）比对需更换电能表当前止度与最近一次抄表记录。 （3）检查需更换电能表示值应正常，各时段计度器示值电量之和与总计度器示值电量的相对误差应不大 0.1%。 （4）检查需更换电能表是否有报警信息、错误代码等异常显示信息。 （5）检查需更换电能表最后一次编程时间和次数。 （6）检查需更换电能表是否有欠压、失流等事件记录，测量电压、电流、相序等并与电能表显示比对。 （7）以上检查中发现故障异常，直接转入异常处理流程	（1）检查漏项。 （2）发现异常未转入异常处理流程	
	7	记录需更换表信息并拍照留档（责任人：工作班成员） （1）记录需更换表当前总有功功率值。 （2）记录需更换表当前有功、无功电量止度（包括正向、反向的总、尖、峰、平、谷）。 （3）对电能表当前各项读数及时钟、时段拍照留档	（1）未记录电能表当前各项读数信息，或记录不全。 （2）未拍照留档	
	8	短接和断开试验接线盒连接片（责任人：工作班成员） 按先电流后电压顺序，短接试验接线盒内的电流连接片，确认电能表各相电流为零之后，再断开联合接线盒内的电压连接片	（1）严禁电流互感器二次回路开路、电压互感器二次回路短路或接地。 （2）防止发生设备损坏和人身伤害	
	9	记录换表开始时刻（责任人：工作班成员） 记录换表开始时刻，并启动换表计时	未记录换表开始时刻	

项目	序号	内容	危险点	执行
作业过程	10	拆除需更换电能表（责任人：工作班成员） （1）用验电笔（器）验电，确认拆除电能表及接线无电。 （2）拆除电能表接线。拆线顺序依次为：先电压线、后电流线，先相线、后零线，先电流进线、后电流出线，从左到右，拆出导线做好绝缘包裹，并做好相别标记。 （3）拆除电能表固定螺钉，取下电能表	（1）如电表端接入有脉冲线和 RS485 线等通信导线，应首先拆除。 （2）拆出的电能表进出导线应做好绝缘措施，防止短路	
	11	安装新电能表（责任人：工作班成员） （1）把电能表牢固地固定在计量柜（箱）内，电能表显示屏应与观察窗对准，室内电能表安装高度宜为 0.8～1.8m（表水平中心线距离地面尺寸）；室外电能表安装在计量箱内，计量箱下沿距安装处地面的高度宜为 1.6～1.8m。 （2）电能表应尽量远离计量柜（箱）内布线，尽量减小电磁场对电能表产生的影响。电能表与屏边最小距离应大于 40mm，两只三相表距离应大于 80mm。 （3）电能表与试验接线盒之间的垂直距离应大于 40mm。试验接线盒与周围壳体结构件之间的间距应大于 40mm	（1）安装位置不规范。 （2）电能表固定不牢，未对电能表 3 个安装孔进行固定，严禁只固定 1 个或 2 个安装螺钉。 （3）高处安装时坠落或坠物	
	12	安装新电能表接线（电能表与试验接线盒的连接）（责任人：工作班成员） （1）导线应采用单股铜质绝缘导线，电流、电压二次回路截面积不应小于 4mm²；所有布线要求按图施工，横平竖直、整齐美观、连接可靠、接触良好；导线排列顺序应按正相序（即黄、绿、红色为自左向右或自上向下）排列；导线两端分别穿号箍编码标识（编号应方向一致，编号面向观察者）。 （2）按照先电流后电压、先电流出后电流进、先零后相、从右到左的顺序进行接线。 （3）导线金属裸露部分应全部插入接线端钮内，不得有外露、压皮现象。导线连接时，先拧紧插入端钮远端螺栓，再拧紧插入端钮近端螺栓，同时注意用力适当不得压伤导线	（1）严禁接线不规范，原拆原换。 （2）接入顺序错误。 （3）导线未采用 4mm² 单股铜质绝缘导线	
	13	安装质量和接线检查（责任人：工作负责人、工作班成员） （1）检查电能表是否安装牢固。 （2）检查接线是否正确，各侧连接螺丝是否牢固，电流进出线是否接反，电压相序是否接错	检测漏项	
	14	恢复试验接线盒连接片（责任人：工作班成员） （1）检查无误后，恢复试验接线盒内的电压连接片和电流连接片，顺序为先电压后电流。 （2）确认电压、电流连接片位置正确	（1）严禁电压互感器二次回路短路、电流互感器二次回路开路。 （2）防止发生设备损坏和人身伤害	
	15	记录换表结束时刻（责任人：工作班成员） 停止计时，记录换表结束时刻，把换表所用的时间填写在更换工作单上，并请客户签字确认	未计算换表所用时间	
	16	现场通电检查（责任人：工作班成员） （1）检查新装电能表运行状态是否正常，有无报警、错误代码等异常显示信息。 （2）用相位伏安表等设备检测电流、电压、相序是否与电能表显示一致。 （3）用验电笔（器）测试电能表外壳、零线端子、接地端子应无电压	（1）通电工作应使用绝缘工器具，设专人监护。 （2）检测漏项	

项目	序号	内容	危险点	执行
作业过程	17	加封并完善记录（责任人：工作班成员） （1）确认安装无误后，对电能表、试验接线盒、计量柜（箱）等加封（封印应面向观察者），在更换工作单上正确记录加封位置及封印编码信息。 （2）完善新装电能表正反向有功、无功起度、时钟、时段等信息	（1）封印位置及编号未记录或不对应。 （2）未完善新装表信息	
	18	对新表进行拍照（责任人：工作班成员） 对计量装置及其接线、封印等拍照留档	未拍照留档	
作业终结	19	现场工作终结（责任人：工作负责人、工作班成员） （1）现场作业完毕，拆除安全措施，作业人员应清点个人工器具、设备、拆除的旧电能表及旧封印，并清理现场。 （2）请客户对工单信息及现场工作进行签字确认，办理工作票终结	（1）工具、设备、旧电能表、旧封印遗漏，未清理现场。 （2）未拆除安全措施。 （3）未请客户签字确认。 （4）未办理终结手续	
	20	旧资产退库（责任人：工作班成员） （1）工作人员1个工作日内带上换表单、换表照片、旧表、旧封印等到表库退旧资产。 （2）表库资产管理员核对换表单、换表照片、旧表、旧封印，确认客户信息、资产信息、旧表止度等无误后入库。 （3）核对中发现异常，直接转入异常处理程序	（1）未及时退旧表、旧封印等。 （2）未进行信息核对。 （3）发现异常未转入异常处理流程	
	21	系统数据维护及工单归档（责任人：工作班成员） （1）1个工作日内在系统中进行更换数据维护。 （2）工作票或工作任务（派工）单、客户现场工作作业风险预控卡、标准化作业卡、更换工作单（复印件）等现场作业记录，安装班组应按月妥善留档存放，更换工单原件及时转交营业归档	（1）系统数据录入错误。 （2）更换工单未复印留档	
备注				

工作负责人：　　　　　　　　监护人：　　　　　　　　工作班成员：

附表13　　　　　　　　　　　　**高压电能表新装标准化作业卡**

工作日期：　　年　　月　　日　　　　　　　工作票（工作任务单）编号：

客户名称及编号			电能表表号及规格		
项目	序号	内容	危险点		执行
作业准备	1	办理工作票许可（责任人：工作负责人） （1）告知客户或有关人员，说明工作内容。 （2）办理工作票许可手续。在客户电气设备上工作时应由供电公司与客户进行双许可，双方在工作票上签字确认。客户方由具备资质的电气工作人员许可，并对工作票中安全措施的正确性、完备性、现场安全措施的完善性以及现场停电设备有无突然来电的危险负责。 （3）会同工作许可人检查现场的安全措施是否到位，检查危险点预控措施是否落实	（1）防止因安全措施未落实引起人身伤害和设备损坏。 （2）同一张工作票，工作票签发人、工作负责人、工作许可人三者不得相互兼任。		
	2	检查并确认安全工作措施（责任人：工作负责人） （1）高、低压设备应根据工作票所列安全要求，落实安全措施。涉及停电作业的必须严格履行停电、验电、装设接地线、悬挂标示牌和装设遮栏等技术措施后方可工作。工作负责人应会同工作许可人确认停电范围、断开点、接地、标示牌正确无误。工作负责人在作业前要求工作票许可人当面验电；必要时工作负责人还可使用自带验电器（笔）重复验电。	（1）在电气设备上作业时，应将未经验电的设备视为带电设备。 （2）在高、低压设备上工作，应至少由两人进行，并完成保证安全的组织措施和技术措施。		

项目	序号	内容	危险点	执行
作业准备	2	（2）应在作业现场装设临时遮栏，将作业点与邻近带电间隔或带电部位隔离。工作中应保持与带电设备的安全距离	（3）工作人员应正确使用合格的安全绝缘工器具和个人劳动防护用品。 （4）工作票许可人应指明作业现场周围的带电部位，工作负责人确认无倒送电的可能。 （5）严禁工作人员未履行工作许可手续擅自开启电气设备柜门或操作电气设备。 （6）严禁在未采取任何监护措施和保护措施情况下现场作业	
	3	班前会（责任人：工作负责人、专责监护人） 交代工作内容、人员分工、带电部位和现场安全措施，进行危险点告知，进行技术交底，并履行确认手续	防止危险点未告知和工作班成员状态欠佳，引起人身伤害和设备损坏	
作业过程	4	断开电源并验电（责任人：工作班成员） （1）核对作业间隔。 （2）使用验电笔（器）对计量柜（箱）金属裸露部分进行验电。 （3）确认电源进、出线方向，断开进、出线电源，且能观察到明显断开点。 （4）使用验电笔（器）再次进行验电，确认互感器一次进出线等部位均无电压后，装设接地线、悬挂标示牌和装设遮栏	（1）防止开关故障或客户倒送电造成人身触电。 （2）断开开关把手上应悬挂"禁止合闸，有人工作！"的标示牌	
	5	核对信息（责任人：工作班成员） （1）根据新装工作单核对客户信息和电能表、互感器的铭牌内容、资产条码及有效检验合格标志等，防止因信息错误造成计量差错。 （2）检查电能表时钟偏差是否超过 3min，时段设置是否正确。 （3）检查电能表电池状态，当电池电量不足时应及时更换电能表	（1）信息核实漏项。 （2）发现异常未转入异常处理流程	
	6	核对互感器二次接线（责任人：工作班成员） （1）导线是否采用单股绝缘铜质导线，电流、电压二次回路截面积不应小于 $4mm^2$，A、B、C 各相导线应采用黄、绿、红色线，中性线采用蓝色，接地线采用黄绿线，导线绝缘应良好，无破损等异常。 （2）互感器二次回路是否安装试验接线盒，110kV 及以上专线客户、单机容量在 100MW 及以上的发电上网、电网经营企业之间购销电量的电能计量装置是否安装主副电能表（一表一盒）。 （3）使用万用表等设备校对电压和电流互感器计量二次回路导线，导线两端必须脱空进行通断检测；检测完后，核查导线两端穿号编码标识是否正确。 （4）电流回路是否按相色分相接线，三相三线接线方式电流互感器的二次绕组与试验接线盒之间应采用四线连接，三相四线接线方式电流互感器的二次绕组与试验接线盒之间应采用六线连接；核对无误后，是否连接各相的接地线，电流互感器二次回路是否只有一处可靠接地，电流互感器二次回路每只接线螺钉是否最多接入两根导线。 （5）电压互感器二次回路是否分相色，是否只有一处可靠接地，星形接线电压互感器应在中心点处接地，VV 接线电压互感器在 B 相接地	（1）应按图施工、接线正确；电气连接可靠、接触良好；配线整齐美观；导线无损伤、绝缘良好。 （2）未安装试验接线盒；未分相色，线径不规范。 （3）客户侧贸易结算计量装置中电压、电流互感器应从输出端子直接接至试验接线盒，中间无其他辅助接点、接头或其他连接端子。 （4）严禁接线错误造成电压互感器二次回路短路或接地，电流互感器二次回路开路。	

项目	序号	内容	危险点	执行
	6	（6）导线接入的端子是接线螺钉时，是否根据螺钉的直径将导线的末端弯成一个环，其弯曲方向应与螺钉旋入方向相同，螺钉（或螺帽）与导线间、导线与导线间应加垫圈。 （7）导线金属裸露部分是否全部压入接线螺钉或端钮内，不得有外露、压皮现象。 （8）多绕组的电流互感器是否将剩余的组别可靠短路，多抽头的电流互感器严禁将剩余的端钮短路或接地	（5）二次回路接线应遵循"电压正相序，电压电流相别一致"原则。 （6）电流互感器二次侧每相电流的进、出线应接入试验接线盒对应相电流的2、3端钮	
作业过程	7	安装电能表（责任人：工作班成员） （1）检查确认计量柜（箱）完好，金属计量柜（箱）接地是否可靠，有无挂表架、试验接线盒等，能否满足加封等规范要求。 （2）把电能表牢固地固定在计量柜（箱）内，电能表显示屏应与观察窗对准，室内电能表安装高度宜在0.8～1.8m（表水平中心线距离地面尺寸）；室外电能表安装在计量箱内，计量箱下沿距安装处地面的高度宜在1.6～1.8m。 （3）电能表应尽量远离计量柜（箱）内布线，尽量减小电磁场对电能表产生的影响。电能表与屏边最小距离应大于40mm，两只三相表距离应大于80mm。 （4）电能表与试验接线盒之间的垂直距离应大于40mm；试验接线盒与周围壳体结构件之间的间距应大于40mm	（1）安装位置不规范。 （2）电能表固定不牢，未对电能表3个安装孔进行固定，严禁只固定1个或2个安装螺钉。 （3）高处安装时坠落或坠物	
	8	安装电能表接线（电能表与试验接线盒的连接）（责任人：工作班成员） （1）导线应采用单股铜质绝缘导线，电流、电压二次回路截面积不应小于4mm²。所有布线要求按图施工，横平竖直、整齐美观、连接可靠、接触良好；导线排列顺序应按正相序（即黄、绿、红色线为自左向右或自上向下）排列；导线两端分别穿号箍编码标识（编号应方向一致，编号面向观察者）。 （2）按照先电流后电压、先电流出后电流进、先零后相、从右到左的顺序进行接线。 （3）导线金属裸露部分应全部插入接线端钮内，不得有外露、压皮现象；导线连接时，先拧紧插入端钮远端螺栓，再拧紧插入端钮近端螺栓，同时注意用力适当不得压伤导线。 （4）导线连接完后，将试验接线盒内电流连接片接至正常位置，电压、中性线（三相四线时）连接片接至连接位置	（1）应按图施工、接线正确；电气连接可靠、接触良好；配线整齐美观；导线无损伤、绝缘良好。 （2）导线未采用单股4mm²铜质绝缘导线。 （3）导线排列顺序不规范。 （4）电能表每相电流的进、出线应接入试验接线盒对应相电流的1、3端钮	
	9	安装质量和接线检查（责任人：工作负责人、工作班成员） （1）检查电能表是否安装牢固。 （2）检查一次、二次接线是否正确，各侧连接螺丝是否牢固，电流进出线是否接反，电压相序是否接错。 （3）检查联合接线盒内连接片位置，确保正确。 （4）现场不具备通电条件的可先实施封印并完善记录（即跳过10步，执行11步）	检测漏项	
	10	如现场具备通电检查条件，还需带电测试（责任人：工作班成员） （1）拆除接地线，确认是否具备通电条件。 （2）合上进线侧开关，确认电能表带电运行状态正常。 （3）合上出线侧开关，确认客户可以正常用电，观察表计有无报警、错误代码及异常显示。 （4）用相位伏安表等设备检测电流、电压、相序等是否与电能表显示一致。 （5）用验电笔（器）测试电能表外壳、零线端子、接地端子应无电压	（1）通电工作应使用绝缘工器具，设专人监护。 （2）不断开负荷开关通电易引起设备损坏、人身伤害。 （3）确认检测设备在合格期之内	

项目	序号	内容	危险点	执行
作业过程	11	加封并完善记录（责任人：工作班成员） （1）确认安装无误后，对电能计量装置加封（封号应面向观察者），并在工单上记录加封位置及封印编号。 （2）在安装工作单上完善新装电能表有功、无功起度、时钟及时段等信息	信息记录不全、不正确	
	12	拍照留档（责任人：工作班成员） 对计量装置及其接线、封印等拍照留档	（1）未拍照留档。 （2）资产号、电能表示数、导线连接、接线编号等应拍摄清晰	
作业终结	13	现场工作终结（责任人：工作负责人、工作班成员） （1）现场作业完毕，拆除安全措施，作业人员应清点个人工器具、设备并清理现场。 （2）请客户对工单信息及现场工作进行签字确认，办理工作票终结	（1）工具、设备遗漏。 （2）未拆除安全措施。 （3）未请客户签字确认。 （4）未办理终结手续	
	14	系统数据维护及工单归档（责任人：工作班成员） （1）1个工作日内在系统中进行新装数据录入。 （2）工作票或工作任务（派工）单、客户现场工作作业风险预控卡、标准化作业指导卡、新装工作单（复印件）等现场作业记录，安装班组应按日期妥善留档存放，新装工单原件及时转交营业归档	（1）系统数据录入错误。 （2）新装工单未复印留档	
备注				

工作负责人：　　　　　　　　监护人：　　　　　　　　工作班成员：

附表 14　　　　　　　　高压电能计量装置新装标准化作业卡

工作日期：　　年　　月　　日　　　　　　　　工作票（工作任务单）编号：

客户名称及编号		电能表表号及规格		
项目	序号	内容	危险点	执行
作业准备	1	办理工作票许可（责任人：工作负责人） （1）告知客户或有关人员，说明工作内容。 （2）办理工作票许可手续。在客户电气设备上工作时应由供电公司与客户方进行双许可，双方在工作票上签字确认。客户方由具备资质的电气工作人员许可，并对工作票中安全措施的正确性、完备性、现场安全措施的完善性以及现场停电设备有无突然来电的危险负责。 （3）会同工作许可人检查现场的安全措施是否到位，检查危险点预控措施是否落实	（1）防止因安全措施未落实引起人身伤害和设备损坏。 （2）同一张工作票，工作票签发人、工作负责人、工作许可人三者不得相互兼任	
	2	检查并确认安全工作措施（责任人：工作负责人） （1）高、低压设备应根据工作票所列安全要求，落实安全措施。涉及停电作业的必须严格履行停电、验电、装设接地线、悬挂标示牌和装设遮栏等技术措施后方可工作。工作负责人应会同工作许可人确认停电范围、断开点、接地、标示牌正确无误。工作负责人在作业前应要求工作许可人当面验电；必要时工作负责人还可使用自带验电器（笔）重复验电。 （2）应在作业现场装设临时遮栏，将作业点与邻近带电间隔或带电部位隔离。工作中应保持与带电设备的安全距离	（1）在电气设备上作业时，应将未经验电的设备视为带电设备。 （2）在高、低压设备上工作，应至少由两人进行，并完成保证安全的组织措施和技术措施。 （3）工作人员应正确使用合格的安全绝缘工器具和个人劳动防护用品。	

项目	序号	内容	危险点	执行
作业准备	2		（4）工作票许可人应指明作业现场周围的带电部位，工作负责人确认无倒送电的可能。 （5）严禁工作人员未履行工作许可手续擅自开启电气设备柜门或操作电气设备。 （6）严禁在未采取任何监护措施和保护措施情况下现场作业	
	3	班前会（责任人：工作负责人、专责监护人） 向工作班成员交代工作内容、人员分工、带电部位和现场安全措施，进行危险点告知，进行技术交底，并履行确认手续	防止危险点未告知和工作班成员状态欠佳，引起人身伤害和设备损坏	
作业过程	4	断开电源并验电（责任人：工作班成员） （1）核对作业间隔。 （2）使用验电笔（器）对计量柜（箱）金属裸露部分进行验电。 （3）确认电源进、出线方向，断开进、出线电源，且能观察到明显断开点。 （4）使用验电笔（器）再次进行验电，确认互感器一次进出线等部位均无电压后，装设接地线、悬挂标示牌和装设遮栏	（1）防止开关故障或客户倒送电造成人身触电。 （2）断开开关把手上应悬挂"禁止合闸，有人工作！"的标示牌	
	5	核对信息（责任人：工作班成员） （1）根据新装工作单核对客户信息和电能表、互感器的铭牌内容、资产条码及有效检验合格标志等，防止因信息错误造成计量差错。 （2）检查电能表时钟偏差是否超过 3min，时段设置是否正确。 （3）检查电能表电池状态，当电池电量不足时应及时更换电能表	（1）信息核实漏项。 （2）发现异常未转入异常处理流程	
	6	核查互感器（责任人：工作班成员） （1）核查电源进线及相色，确定电源侧方向。 （2）核查互感器安装位置是否固定牢固，各相间应保持足够的距离。 （3）电流互感器一次绕组与电源串联接入；电压互感器一次绕组与电源并联接入。 （4）同一组的电流（电压）互感器应采用制造厂、型号、额定电流（电压）变比、准确度等级、二次容量均相同的互感器。 （5）电流（电压）互感器进线端极性符号应一致	（1）互感器极性不一致。 （2）同一组的电流（电压）互感器信息不一致	
	7	连接互感器侧二次回路导线（互感器与试验接线盒的连接）（责任人：工作班成员） （1）导线应采用单股绝缘铜质导线，电流、电压互感器二次回路截面积不应小于 4mm²，A、B、C 各相导线应采用黄、绿、红色线，中性线采用蓝色，接地线采用黄绿线。 （2）互感器二次回路是否安装试验接线盒，110kV 及以上专线客户和 100MW 及以上发电机是否安装主副电能表（一表一盒）。 （3）使用万用表等设备校对检测电压和电流互感器计量二次回路导线通断，检测完后，导线两端分别穿号箍编码标识（编号应方向一致，编号面向观察者）。	（1）应按图施工、接线正确；电气连接可靠、接触良好；配线整齐美观；导线无损伤、绝缘良好。 （2）未安装试验接线盒；未分相色，线径不规范。 （3）客户侧贸易结算计量装置中电压、电流互感器应从输出端子直接接至试验接线盒，中间无其他辅助接点、接头或其他连接端子。	

项目	序号	内容	危险点	执行
作业过程	7	（4）先接电流回路，按相色分相接线，三相三线接线方式电流互感器的二次绕组与试验接线盒之间采用四线连接，三相四线接线方式电流互感器的二次绕组与试验接线盒之间采用六线连接；核对无误后，连接各相的接地线，电流互感器二次回路应只有一处可靠接地，电流互感器二次回路每个接线螺钉只允许接入两根导线。 （5）电流回路接好后再按相接入电压回路，电压互感器二次回路应只有一处可靠接地，星形接线电压互感器应在中心点处接地，V—V接线电压互感器在B相接地。 （6）当导线接入的端子是接线螺钉时，应根据螺钉的直径将导线的末端弯成一个环，其弯曲方向应与螺钉旋入方向相同，螺钉（或螺帽）与导线间、导线与导线间应加垫圈；当导线接入的端子是接线端钮时，先拧紧插入端钮远端螺钉，再拧紧插入端钮近端螺钉，注意用力适当不得压伤导线。 （7）导线金属裸露部分应全部压入接线螺钉或端钮内，不得有外露、压皮现象。 （8）多绕组的电流互感器应将剩余的组别可靠短路，多抽头的电流互感器严禁将剩余的端钮短路或接地	（4）严禁接线错误造成电压互感器二次回路短路或接地，电流互感器二次回路开路。 （5）二次回路接线应遵循"电压正相序，电压电流相别一致"原则。 （6）电流互感器二次侧每相电流的进、出线，应接入试验接线盒对应相电流的2、3端钮	
	8	安装电能表（责任人：工作班成员） （1）检查确认计量柜（箱）完好，金属计量柜（箱）接地是否可靠，有无挂表架、试验接线盒等，能否满足加封等规范要求。 （2）把电能表牢固地固定在计量柜（箱）内，电能表显示屏与观察窗对准，室内电能表安装高度宜在0.8～1.8m（表水平中心线距离地面尺寸）；室外电能表安装在计量箱内，计量箱下沿距安装处地面的高度宜在1.6～1.8m。 （3）电能表应尽量远离计量柜（箱）内布线，尽量减小电磁场对电能表产生影响。电能表与屏边最小距离应大于40mm，两只三相表距离应大于80mm。 （4）电能表与试验接线盒之间的垂直距离应大于40mm；试验接线盒与周围壳体结构件之间的间距应大于40mm	（1）安装位置不规范。 （2）电能表固定不牢，未对电能表3个安装孔进行固定，严禁只固定1个或2个安装螺钉。 （3）高处安装时坠落或坠物	
	9	安装电能表接线（电能表与试验接线盒的连接）（责任人：工作班成员） （1）导线应采用单股铜质绝缘导线，电流、电压二次回路截面积不应小于4mm²。所有布线要求按图施工，横平竖直、整齐美观、连接可靠、接触良好；导线排列顺序应按正相序（即黄、绿、红色线为自左向右或自上向下）排列；导线两端分别穿号箍编码标识（编号应方向一致，编号面向观察者）。 （2）按照先电流后电压、先电流出后电流进、先零后相、从右到左的顺序进行接线。 （3）导线金属裸露部分应全部插入接线端钮内，不得有外露、压皮现象；导线连接时，先拧紧插入端钮远端螺丝，再拧紧插入端钮近端螺丝，同时注意用力适当不得压伤导线。 （4）导线连接完后，将试验接线盒内电流连接片至正常位置，电压、中性线（三相四线时）连接片至连接位置	（1）应按图施工、接线正确；电气连接可靠、接触良好；配线整齐美观；导线无损伤、绝缘良好。 （2）导线未采用单股4mm²铜质绝缘导线。 （3）导线排列顺序不规范。 （4）电能表每相电流的进、出线，应接入试验接线盒对应相电流的1、3端钮	
	10	安装质量和接线检查（责任人：工作负责人、工作班成员） （1）检查互感器、电能表是否安装牢固。 （2）检查一次、二次接线是否正确，各侧连接螺丝是否牢固，电流进出线是否接反，电压相序是否接错。 （3）检查试验接线盒内连接片位置，确保正确。 （4）现场不具备通电条件的可先实施封印并完善记录（即跳过11步，执行12步）	检测漏项	

111

项目	序号	内容	危险点	执行
作业过程	11	如现场具备通电检查条件，还需带电测试（责任人：工作班成员） （1）拆除接地线，确认是否具备通电条件。 （2）合上进线侧开关，确认电能表带电运行状态正常。 （3）合上出线侧开关，确认客户可以正常用电，观察电能表有无报警、错误代码及异常显示。 （4）用相位伏安表等设备检测电流、电压、相序等是否与电能表显示一致。 （5）用验电笔（器）测试电能表外壳、零线端子、接地端子应无电压	（1）通电工作应使用绝缘工器具，设专人监护。 （2）不断开负荷开关通电易引起设备损坏、人身伤害。 （3）确认检测设备在合格期之内	
	12	加封并完善记录（责任人：工作班成员） （1）确认安装无误后，对电能计量装置加封（封号应面向观察者），并在工单上记录加封位置及封印编号。 （2）在安装工作单上完善新装电能表有功、无功起度、时钟及时段等信息	信息记录不全、不正确	
	13	拍照留档（责任人：工作班成员） 对计量装置及其接线、封印等拍照留档	（1）未拍照留档。 （2）资产号、电表示数、导线连接、接线编号等应拍摄清晰	
作业终结	14	现场工作终结（责任人：工作负责人、工作班成员） （1）现场作业完毕，拆除安全措施，作业人员应清点个人工器具、设备并清理现场。 （2）请客户对工单信息及现场工作进行签字确认，办理工作票终结	（1）工具、设备遗漏。 （2）未拆除安全措施。 （3）未请客户签字确认。 （4）未办理终结手续	
	15	系统数据维护及工单归档（责任人：工作班成员） （1）1个工作日内在系统中进行新装数据录入。 （2）工作票或工作任务（派工）单、客户现场工作作业风险预控卡、标准化作业指导卡、新装工作单（复印件）等现场作业记录，安装班组应按月妥善留档存放，新装工单原件及时转交营业归档	（1）系统数据录入错误。 （2）新装工单未复印留档	
备注				

工作负责人：　　　　　　　　监护人：　　　　　　　　工作班成员：

附表 15　　　　　　　　　低压电流互感器更换标准化作业卡

工作日期：　　年　　月　　日　　　　　　　　工作票（工作任务单）编号：

客户名称及编号			电能表表号及规格		
项目	序号	内容		危险点	执行
作业准备	1	办理工作票许可（责任人：工作负责人） （1）告知客户或有关人员，说明工作内容。 （2）办理工作票许可手续。在客户电气设备上工作时应由供电公司与客户方进行双方许可，双方在工作票上签字确认。客户方由具备资质的电气工作人员许可，并对工作票中安全措施的正确性、完备性、现场安全措施的完善性以及现场停电设备有无突然来电的危险负责。 （3）会同工作许可人检查现场的安全措施是否到位，检查危险点预控措施是否落实		（1）防止因安全措施未落实引起人身伤害和设备损坏。 （2）同一张工作票，工作票签发人、工作负责人、工作许可人三者不得相互兼任	

项目	序号	内容	危险点	执行
作业准备	2	检查并确认安全工作措施（责任人：工作负责人） （1）高、低压设备应根据工作票所列安全要求，落实安全措施。涉及停电作业的必须严格履行停电、验电、装设接地线、悬挂标示牌和装设遮栏等技术措施后方可工作。工作负责人应会同工作票许可人确认停电范围、断开点、接地、标示牌正确无误。工作负责人在作业前应要求工作票许可人当面验电；必要时工作负责人还可使用自带验电器（笔）重复验电。 （2）应在作业现场装设临时遮栏，将作业点与邻近带电间隔或带电部位隔离。工作中应保持与带电设备的安全距离	（1）在电气设备上作业时，应将未经验电的设备视为带电设备。 （2）在高、低压设备上工作，应至少由两人进行，并完成保证安全的组织措施和技术措施。 （3）工作人员应正确使用合格的安全绝缘工器具和个人劳动防护用品。 （4）工作票许可人应指明作业现场周围的带电部位，工作负责人确认无倒送电的可能。 （5）严禁工作人员未履行工作许可手续擅自开启电气设备柜门或操作电气设备。 （6）严禁在未采取任何监护措施和保护措施情况下现场作业	
	3	班前会（责任人：工作负责人、专责监护人） 交代工作内容、人员分工、带电部位和现场安全措施，进行危险点告知，进行技术交底，并履行确认手续	防止危险点未告知和工作班成员状态欠佳，引起人身伤害和设备损坏	
作业过程	4	验电（责任人：工作班成员） （1）核对作业间隔。 （2）使用验电笔（器）对计量柜（箱）验电，确认无电	（1）防止走错间隔。 （2）防止计量柜等带电	
	5	核对信息（责任人：工作班成员） （1）根据更换工单核对客户信息，电能表、互感器铭牌内容，资产信息，有效检验合格标志等信息，更换原因、方案是否符合现场实际情况。 （2）以上检查中发现故障异常，直接转入异常处理程序	（1）核实漏项。 （2）发现异常，未转异常处理程序	
	6	检查运行电能表接线及运行情况（责任人：工作班成员） （1）检查运行电能计量装置封印是否完好，封印信息是否与更换工单信息一致。 （2）检查运行电能表当前止度与最近一次抄表记录。 （3）检查运行电能表示值应正常，各时段计度器值电量之和与总计度器示值电量的相对误差应不大 0.1%。 （4）检查运行电能表是否有报警信息、错误代码等异常显示信息。 （5）检查电能表时钟是否偏差超过 5min，时段设置是否正确。 （6）检查运行电能表最后一次编程时间和次数。 （7）检查运行电能表是否有欠压、失流等事件记录，测量电压、电流、相序等并与电能表显示比对。 （8）检查电能表电池状态，当电池电量不足时应及时更换电能表。 （9）以上检查中发现故障异常，直接转入异常处理流程	（1）检查漏项。 （2）发现异常未转入异常处理流程	
	7	记录运行电能表信息并拍照留档（责任人：工作班成员） （1）记录运行电能表的有功、无功电量止度（包括正向总、反向总、尖、峰、平、谷）。 （2）对运行电能表当前各项读数及时钟、时段拍照留档	（1）未记录电能表当前各项读数信息，或记录不全。 （2）未拍照留档	

项目	序号	内容	危险点	执行
作业过程	8	断开电源并验电（责任人：工作班成员） （1）核对作业间隔。 （2）使用验电笔（器）对计量柜（箱）金属裸露部分进行验电。 （3）确认电源进、出线方向，断开进、出线电源，且能观察到明显断开点。 （4）使用验电笔（器）再次进行验电，确认互感器一次进出线等部位均无电压后，装设接地线、悬挂标识牌、装设遮栏	（1）防止开关故障或客户倒送电造成人身触电。 （2）断开开关把手上应悬挂"禁止合闸，有人工作！"的标示牌	
	9	拆除电流互感器进线电源（低压供电）（责任人：工作班成员） （1）用验电笔（器）验电，并确认客户电源已从外部接入点切除。 （2）先拆除电流互感器一次电源进线，再拆除一次电源出线。拆出线用绝缘胶布进行包裹，并做好标记	防止电源未切除，拆除中及拆除后引起人身触电	
	10	拆除电流互感器二次连线（责任人：工作班成员） （1）拆除电流互感器二次侧连接导线，拆线顺序依次为：先电压线、后电流线，先相线、后零线，先电流进线、后电流出线，从左到右。拆出线用绝缘胶布进行包裹，并做好标记。 （2）拆下电流互感器的固定螺丝，取下电流互感器	防止电流互感器拆除时发生坠落	
	11	安装新电流互感器（责任人：工作班成员） （1）查看电源进线及相色，确定电源侧方向。 （2）确定电流互感器安装位置并固定，各相间保持足够的距离。 （3）电流互感器一次绕组与电源串联接入。 （4）同一组的电流互感器应采用制造厂、型号、额定电流（电压）变比、准确度等级、二次容量均相同的互感器。 （5）电流互感器进线端极性符号应一致	（1）互感器极性不一致。 （2）同一组的电流互感器信息不一致	
	12	连接电流互感器侧二次回路导线（电流互感器与试验接线盒的连接）（责任人：工作班成员） （1）导线应采用单股绝缘铜质导线，电流互感器二次回路截面积不应小于 $4mm^2$，A、B、C 各相导线应采用黄、绿、红色线，中性线采用蓝色。 （2）使用万用表等设备校对检测电流互感器计量二次回路导线通断，检测完后，导线两端分别穿号箍编码标识（编号应方向一致，编号面向观察者）。 （3）电流回路按相色分相接线，低压电流互感器的二次绕组与试验接线盒之间采用六线连接；低压电流互感器二次回路不接地； （4）当导线接入的端子是接线螺钉时，应根据螺钉的直径将导线的末端弯成一个环，其弯曲方向应与螺钉旋入方向相同，螺钉（或螺帽）与导线间、导线与导线间应加垫圈；当导线接入的端子是接线端钮时，先拧紧插入端钮远端螺钉，再拧紧插入端钮近端螺钉，注意用力适当不得压伤导线。 （5）导线金属裸露部分应全部压入接线螺钉或端钮内，不得有外露、压皮现象	（1）应按图施工、接线正确；电气连接可靠、接触良好；配线整齐美观；导线无损伤、绝缘良好。禁止不规范的二次接线原拆原换。 （2）严禁电流互感器二次回路开路。 （3）客户侧贸易结算计量装置中电流互感器应从输出端子直接接至试验接线盒，中间无其他辅助接点、接头或其他连接端子。 （4）二次回路接线应遵循"电压正序，电压电流相别一致"原则。 （5）电流互感器二次侧每相电流的进、出线，应接入试验接线盒对应端钮	
	13	安装质量和接线检查（责任人：工作负责人、工作班成员） （1）检查互感器安装牢固，一、二次侧连接的各处螺丝牢固，接触面紧密。 （2）检查二次回路接线是否正确，电流进出线是否接反，电压相序是否接错。 （3）确认电压、电流连接片位置正确	检测漏项	

项目	序号	内容	危险点	执行
作业过程	14	现场通电检查（责任人：工作班成员） （1）拆除接地线和标识牌。 （2）通电前再次确认负荷开关处于断开位置。 （3）合上进线侧开关，确认电能表带电运行状态正常。 （4）合上出线侧开关，确认客户可以正常用电，观察电能表有无报警、错误代码及异常显示。 （5）用相位伏安表检测电流、电压、相序等是否与电能表显示一致。 （6）用验电笔（器）测试电能表外壳、零线端子、接地端子应无电压	（1）通电工作应使用绝缘工器具，设专人监护。 （2）不断开负荷开关通电易引起设备损坏、人身伤害。 （3）检测漏项	
	15	加封并完善记录（责任人：工作班成员） （1）确认安装无误后，对电能计量装置加封，在安装工作单上正确记录加封位置及封印编码信息（封号应面向观察者）。 （2）核查完善更换工单上的电流互感器变比、电能表有功、无功止度、时钟、时段等信息	（1）封印位置及编号未记录或不对应。 （2）未拍照留证	
	16	对新计量装置进行拍照（责任人：工作班成员） 对计量装置及其接线、封印等拍照留档	未拍照留档	
作业终结	17	现场工作终结（责任人：工作负责人、工作班成员） （1）现场作业完毕，拆除安全措施，作业人员应清点个人工器具、设备、旧互感器、旧封等，并清理现场。 （2）请客户对工单信息及现场工作进行签字确认，办理工作票终结	（1）工具、设备、旧互感器、旧封印遗漏，未清理。 （2）未拆除安全措施。 （3）未请客户签字确认。 （4）未办理终结手续	
	18	旧资产退库（责任人：工作班成员） （1）工作人员1个工作日内带上更换工单、止度照片、旧互感器、旧封印等到表库退旧资产。 （2）表库资产管理员核对更换工单、照片及旧互感器，资产编号、止度信息等无误后入库。 （3）发现异常直接进入异常处理程序	（1）未及时退旧资产。 （2）未进行信息核对。 （3）发现异常未转异常处理程序	
	19	系统数据维护与工单归档（责任人：工作班成员） （1）1个工作日内在系统中进行更换数据维护。 （2）工作票或工作任务（派工）单、客户现场工作作业风险预控卡、标准化作业卡、更换工单（复印件）等现场作业记录，安装班组应按月妥善留档存放，更换工单原件及时转交营业归档	（1）系统数据录入错误。 （2）更换工单未复印留档	
备注				

工作负责人：　　　　　　　监护人：　　　　　　　工作班成员：

附表 16　　　　　　　**经互感器接入式低压电能表更换标准化作业卡**

工作日期：　　年　　月　　日　　　　　　工作票（工作任务单）编号：

客户名称及编号		电能表表号及规格		
项目	序号	内容	危险点	执行
作业准备	1	办理工作票许可（责任人：工作负责人） （1）告知客户或有关人员，说明工作内容。	（1）防止因安全措施未落实引起人身伤害和设备损坏。	

项目	序号	内容	危险点	执行
作业准备	1	（2）办理工作票许可手续。在客户电气设备上工作时应由供电公司与客户方进行双许可，双方在工作票上签字确认。客户方由具备资质的电气工作人员许可，并对工作票中安全措施的正确性、完备性、现场安全措施的完善性以及现场停电设备有无突然来电的危险负责。 （3）会同工作许可人检查现场的安全措施是否到位，检查危险点预控措施是否落实	（2）同一张工作票，工作票签发人、工作负责人、工作许可人三者不得相互兼任	
	2	检查并确认安全工作措施（责任人：工作负责人） （1）高、低压设备应根据工作票所列安全要求，落实安全措施。涉及停电作业的必须严格履行停电、验电、装设接地线、悬挂标示牌和装设遮栏等技术措施后方可工作。工作负责人应会同工作票许可人确认停电范围、断开点、接地、标示牌正确无误。工作负责人在作业前应要求工作票许可人当面验电。必要时工作负责人还可使用自带验电器（笔）重复验电。 （2）应在作业现场装设临时遮栏，将作业点与邻近带电间隔或带电部位隔离。工作中应保持与带电设备的安全距离	（1）在电气设备上作业时，应将未经验电的设备视为带电设备。 （2）在高、低压设备上工作，应至少由两人进行，并完成保证安全的组织措施和技术措施。 （3）工作人员应正确使用合格的安全绝缘工器具和个人劳动防护用品。 （4）工作票许可人应指明作业现场周围的带电部位，工作负责人确认无倒送电的可能。 （5）严禁工作人员未履行工作许可手续擅自开启电气设备柜门或操作电气设备。 （6）严禁在未采取任何监护措施和保护措施情况下现场作业	
	3	班前会（责任人：工作负责人、专责监护人） 交代工作内容、人员分工、带电部位和现场安全措施，进行危险点告知，进行技术交底，并履行确认手续	防止危险点未告知和工作班成员状态欠佳，引起人身伤害和设备损坏	
作业过程	4	验电（责任人：工作班成员） （1）核对作业间隔。 （2）使用验电笔（器）对计量柜（箱）进行验电，确认无电	（1）防止走错间隔。 （2）防止计量柜等带电	
	5	核对信息（责任人：工作班成员） （1）根据更换工作单核对客户信息，新、旧电能表铭牌内容、资产信息，有效检验合格标志，时钟是否超差（新电能表不超过3min，旧电能表不超过5min），时段设置是否正确等，换表原因、方案是否符合现场实际情况。 （2）检查电能表电池状态，当电池电量不足时应及时更换电能表。 （3）以上检查中发现故障异常，直接转入异常处理流程	（1）信息核实漏项。 （2）发现异常未转入异常处理流程	
	6	检查需更换电能表接线及运行情况（责任人：工作班成员） （1）检查需更换电能计量装置封印是否完好，封印信息是否与更换工单信息一致。 （2）比对需更换电能表当前止度与最近一次抄表记录。 （3）检查需更换电能表示值应正常，各时段计度器示值电量之和与总计度器示值电量的相对误差应不大0.1%。 （4）检查需更换电能表是否有报警信息、错误代码等异常显示信息。	（1）检查漏项。 （2）发现异常未转入异常处理流程	

项目	序号	内容	危险点	执行
	6	（5）检查需更换电能表最后一次编程时间和次数。 （6）检查需更换电能表是否有欠压、失流等事件记录，测量电压、电流、相序等并与电能表显示比对。 （7）以上检查中发现故障异常，直接转入异常处理流程		
	7	记录需更换表信息并拍照留档（责任人：工作班成员） （1）记录需更换表当前总有功功率值。 （2）记录需更换表当前有功、无功电量止度（包括正向、反向的总、尖、峰、平、谷）。 （3）对电能表当前各项读数及时钟、时段拍照留档	（1）未记录电能表当前各项读数信息，或记录不全。 （2）未拍照留档	
	8	短接和断开试验接线盒连接片（责任人：工作班成员） 按先电流后电压顺序，短接试验接线盒内的电流连接片、断开联合接线盒内的电压连接片	（1）严禁电流互感器二次回路开路、电压互感器二次回路短路或接地。 （2）防止发生设备损坏和人身伤害	
	9	记录换表开始时间（责任人：工作班成员） 记录换表开始时刻，并启动换表计时	未记录换表开始时刻	
作业过程	10	拆除需更换电能表（责任人：工作班成员） （1）用验电笔（器）验电，确认拆除电能表及接线无电。 （2）如电表端接入有脉冲线和RS485线，应首先拆除，做好绝缘包裹。 （3）拆除电能表接线。拆线顺序依次为：先电压线、后电流线，先相线、后零线，先电流进线、后电流出线，从左到右，拆出导线做好绝缘包裹，并做好相别标记。 （4）拆除电能表固定螺钉，取下电能表	拆出的电能表进出导线应做好绝缘措施，防止短路	
	11	安装新电能表（责任人：工作班成员） （1）把电能表牢固地固定在计量柜（箱）内，电能表显示屏应与观察窗对准，室内电能表安装高度宜在0.8～1.8m（表水平中心线距离地面尺寸）；室外电能表安装在计量箱内，计量箱下沿距安装处地面的高度宜在1.6～1.8m。 （2）电能表应尽量远离计量柜（箱）内布线，尽量减小电磁场对电能表产生的影响。电能表与屏边最小距离大于40mm，两只三相表距离应大于80mm。 （3）电能表与试验接线盒之间的垂直距离应大于40mm。试验接线盒与周围壳体结构件之间的间距大于40mm	（1）安装位置不规范。 （2）电能表固定不牢，未对电能表3个安装孔进行固定，严禁只固定1个或2个安装螺钉。 （3）高处安装时坠落或坠物	
	12	安装新电能表接线（电能表与试验接线盒的连接）（责任人：工作班成员） （1）导线应采用单股铜质绝缘导线，电流、电压二次回路截面积不应小于4mm²；所有布线要求按图施工，横平竖直、整齐美观、连接可靠、接触良好；导线排列顺序应按正相序（即黄、绿、红色线为自左向右或自上向下）排列；导线两端分别穿号籤编码标识（编号应方向一致，编号面向观察者）。 （2）按照先电流后电压、先电流出后电流进、先零后相、从右到左的顺序进行接线。 （3）导线金属裸露部分应全部插入接线端钮内，不得有外露、压皮现象。导线连接时，先拧紧插入端钮远端螺栓，再拧紧插入端钮近端螺栓，同时注意用力适当不得压伤导线	（1）严禁接线不规范原拆原换。 （2）接入顺序错误。 （3）导线未采用4mm²单股铜质绝缘导线	

项目	序号	内容	危险点	执行
作业过程	13	安装质量和接线检查（责任人：工作负责人、工作班成员） （1）检查电能表是否安装牢固。 （2）检查接线是否正确，各侧连接螺丝是否牢固，电流进出线是否接反，电压相序是否接错	检测漏项	
	14	恢复试验接线盒连接片（责任人：工作班成员） （1）检查无误后，恢复试验接线盒内的电压连接片和电流连接片，顺序为先电压后电流。 （2）确认电压、电流连接片位置正确	（1）严禁电压互感器二次回路短路、电流互感器二次回路开路。 （2）防止发生设备损坏和人身伤害	
	15	记录换表结束时间（责任人：工作班成员） 停止计时，记录换表结束时刻，把换表所用的时间填写在更换工作单上，并请客户签字确认	未计算换表所用时间	
	16	现场通电检查（责任人：工作班成员） （1）检查新装电能表运行状态是否正常，有无报警、错误代码等异常显示信息。 （2）用相位伏安表等设备检测电流、电压、相序等是否与电能表显示一致。 （3）用验电笔（器）测试电能表外壳、零线端子、接地端子应无电压	（1）通电工作应使用绝缘工器具，设专人监护。 （2）检测漏项	
	17	加封并完善记录（责任人：工作班成员） （1）确认安装无误后，对电能表、试验接线盒、计量柜（箱）等加封（封号应面向观察者），在更换工作单上正确记录加封位置及封印编码信息。 （2）完善新装电能表有功、无功起度、时钟、时段等信息	（1）封印位置及编号未记录或不对应。 （2）未完善新装表信息	
	18	对新表进行拍照（责任人：工作班成员） 对计量装置及其接线、封印等拍照留档	未拍照留档	
作业终结	19	现场工作终结（责任人：工作负责人、工作班成员） （1）现场作业完毕，拆除安全措施，作业人员应清点个人工器具、设备、拆除的旧电能表及旧封印，并清理现场。 （2）请客户对工单信息及现场工作进行签字确认，办理工作票终结	（1）工具、设备、旧电能表、旧封印遗漏，未清理现场。 （2）未拆除安全措施。 （3）未请客户签字确认。 （4）未办理终结手续	
	20	旧资产退库（责任人：工作班成员） （1）工作人员1个工作日内带上换表单、换表照片、旧表、旧封印等到表库退资产。 （2）表库资产管理员核对换表单、换表照片、旧表、旧封印，确认客户信息、资产信息、旧表止度等无误后入库。 （3）核对中发现异常，直接转入异常处理程序	（1）未及时退旧表、旧封印等。 （2）未进行信息核对。 （3）发现异常未转入异常处理流程	
	21	系统数据维护及工单归档（责任人：工作班成员） （1）1个工作日内在系统中进行更换数据维护。 （2）工作票或工作任务（派工）单、客户现场工作作业风险预控卡、标准化作业卡、更换工单（复印件）等现场作业记录，安装班组应按月妥善留档存放，更换工单原件及时转交营业归档	（1）系统数据录入错误。 （2）更换工单未复印留档	
备注				

工作负责人：　　　　　　　　监护人：　　　　　　　　工作班成员：

　　　　经互感器接入式低压电能计量装置拆除标准化作业卡

工作日期：　　年　　月　　日　　　　　　　　　工作票（工作任务单）编号：

项目	序号	客户名称及编号		电能表表号及规格	
		内容		危险点	执行
作业准备	1	办理工作票许可（责任人：工作负责人） （1）告知客户或有关人员，说明工作内容。 （2）办理工作票许可手续。在客户电气设备上工作时应由供电公司与客户方进行双许可，双方在工作票上签字确认。客户方由具备资质的电气工作人员许可，并对工作票中安全措施的正确性、完备性、现场安全措施的完善性以及现场停电设备有无突然来电的危险负责。 （3）会同工作许可人检查现场的安全措施是否到位，检查危险点预控措施是否落实		（1）防止因安全措施未落实引起人身伤害和设备损坏。 （2）同一张工作票，工作票签发人、工作负责人、工作许可人三者不得相互兼任。	
	2	检查并确认安全工作措施（责任人：工作负责人） （1）高、低压设备应根据工作票所列安全要求，落实安全措施。涉及停电作业的必须严格履行停电、验电、装设接地线、悬挂标示牌和装设遮栏等技术措施后方可工作。工作负责人应会同工作票许可人确认停电范围、断开点、接地、标示牌正确无误。工作负责人在作业前应要求工作票许可人当面验电；必要时工作负责人还可使用自带验电器（笔）重复验电。 （2）应在作业现场装设临时遮栏，将作业点与邻近带电间隔或带电部位隔离。工作中应保持与带电设备的安全距离		（1）在电气设备上作业时，应将未经验电的设备视为带电设备。 （2）在高、低压设备上工作，应至少由两人进行，并完成保证安全的组织措施和技术措施。 （3）工作人员应正确使用合格的安全绝缘工器具和个人劳动防护用品。 （4）工作票许可人应指明作业现场周围的带电部位，工作负责人确认无倒送电的可能。 （5）严禁工作人员未履行工作许可手续擅自开启电气设备柜门或操作电气设备。 （6）严禁在未采取任何监护措施和保护措施情况下现场作业	
	3	班前会（责任人：工作负责人、专责监护人） 交代工作内容、人员分工、带电部位和现场安全措施，进行危险点告知，进行技术交底，并履行确认手续		防止危险点未告知和工作班成员状态欠佳，引起人身伤害和设备损坏	
作业过程	4	断开电源并验电（责任人：工作班成员） （1）核对作业间隔。 （2）使用验电笔（器）对计量柜（箱）金属裸露部分进行验电。 （3）确认电源进、出线方向，断开进、出线电源，且能观察到明显断开点。 （4）使用验电笔（器）再次进行验电，确认互感器一次进出线等部位均无电压后，装设接地线、悬挂标示牌和装设遮栏		（1）防止开关故障或客户倒送电造成人身触电。 （2）断开开关把手上应悬挂"禁止合闸，有人工作！"的标示牌	
	5	核对信息（责任人：工作班成员） （1）根据拆除工作单核对客户信息，电能表、互感器铭牌信息，资产信息，有效检验合格标志等信息，拆除原因、方案是否符合现场实际情况。 （2）核对拆除计量装置封印是否完好，封印信息是否与拆除工单信息一致。		（1）核实漏项。 （2）发现问题未转异常处理核流程	

项目	序号	内容	危险点	执行
	5	（3）核查拆除电能表当前止度与最近一次抄表记录。 （4）检查拆除电能表示值应正常，各时段计度器示值电量之和与总计度器示值电量的相对误差应不大于 0.1%。 （5）检查拆除电能表时钟是否偏差超过 5min，时段设置是否正确。 （6）检查拆除电能表最后一次编程时间和次数。 （7）检查拆除电能表是否有报警信息、错误代码等异常显示信息。 （8）检查拆除电能表是否有欠压、失流等事件记录，测量电压、电流、相序等并与电能表显示比对。 （9）以上检查中发现故障异常，直接转异常处理程序		
作业过程	6	记录拆除表信息并拍照留档（责任人：工作班成员） （1）记录拆除表的有功、无功电量止度（包括正向、反向的总、尖、峰、平、谷）。 （2）对电能表当前各项读数及时钟、时段拍照留档	（1）未记录电能表当前各项读数信息。 （2）未拍照留档	
	7	拆除进线电源（低压供电）（责任人：工作班成员） （1）用验电笔（器）验电，并确认客户电源已从外部接入点切除。 （2）先拆除电流互感器一次电源进线，再拆除一次电源出线	防止电源未切除，拆除中及拆除后引起人身触电	
	8	拆除电流互感器及其至试验接线盒的连线（责任人：工作班成员） （1）先拆除电流互感器二次侧连接导线，再拆除试验接线盒进线导线。拆线顺序依次为：先电压线、后电流线，先相线、后零线，先电流进线、后电流出线，从左到右。 （2）拆下电流互感器的固定螺丝，取下电流互感器	防止电流互感器拆除时发生坠落	
	9	拆除电能表、试验接线盒及其连接线（责任人：工作班成员） （1）用验电笔（器）验电，确认无电。 （2）先拆除试验接线盒出线，再拆除电能表端钮接线。拆线顺序依次为：先电压线、后电流线，先相线、后零线，先电流进线、后电流出线，从左到右。 （3）拆除电能表固定螺钉，取下电能表。 （4）拆除试验接线盒	（1）未验电。 （2）拆除电能表若接有脉冲线和 RS485 线，应先拆除	
作业终结	10	现场工作终结（责任人：工作负责人、工作班成员） （1）现场作业完毕，拆除接地线等安全措施，作业人员应清点个人工器具、设备、旧表、旧互感器、旧封，并清理现场。 （2）请客户对工单信息及现场工作进行签字确认，办理工作票终结	（1）工具、设备、旧表、旧互感器、旧封印遗漏，未清理。 （2）未拆除安全措施。 （3）未请客户签字确认。 （4）未办理终结手续	
	11	旧资产退库（责任人：工作班成员） （1）工作成员 1 个工作日内带上换表单、换表照片、旧表、旧互感器、旧封印等到表库退旧资产。 （2）表库资产管理员核对换表单、换表照片、旧表、旧互感器，资产编号、止度信息等，无误后入库。 （3）核对中发现异常，直接转入异常处理程序	（1）未及时退旧资产。 （2）未进行信息核对。 （3）发现异常未转异常处理程序	

项目	序号	内容	危险点	执行
作业终结	12	系统数据维护及工单归档（责任人：工作班成员） （1）1个工作日内在系统中进行拆除数据维护。 （2）工作票或工作任务（派工）单、客户现场工作作业风险预控卡、标准化作业指导卡、拆除工单（复印件）等现场作业记录，安装班组应按日期妥善留档存放，拆除工单原件及时转交营业归档	（1）系统数据录入错误。 （2）拆除工单未复印留档	
备注				

工作负责人：　　　　　　　监护人：　　　　　　　工作班成员：

附表18　　经互感器接入式低压电能计量装置新装标准化作业卡

工作日期：　　年　　月　　日　　　　　　工作票（工作任务单）编号：

客户名称及编号		电能表表号及规格	

项目	序号	内容	危险点	执行
作业准备	1	办理工作票许可（责任人：工作负责人） （1）告知客户或有关人员，说明工作内容。 （2）办理工作票许可手续。在客户电气设备上工作时应由供电公司与客户方进行双许可，双方在工作票上签字确认。客户方由具备资质的电气工作人员许可，并对工作票中安全措施的正确性、完备性，现场安全措施的完善性以及现场停电设备有无突然来电的危险负责。 （3）会同工作许可人检查现场的安全措施是否到位，检查危险点预控措施是否落实	（1）防止因安全措施未落实引起人身伤害和设备损坏。 （2）同一张工作票，工作票签发人、工作负责人、工作许可人三者不得相互兼任	
	2	检查并确认安全工作措施（责任人：工作负责人） （1）高、低压设备应根据工作票所列安全要求，落实安全措施。涉及停电作业的必须严格履行停电、验电、装设接地线、悬挂标示牌和装设遮栏等技术措施后方可工作。工作负责人应会同工作票许可人确认停电范围、断开点、接地、标示牌正确无误。工作负责人在作业前应要求工作票许可人当面验电；必要时工作负责人还可使用自带验电器（笔）重复验电。 （2）应在作业现场装设临时遮栏，将作业点与邻近带电间隔或带电部位隔离。工作中应保持与带电设备的安全距离	（1）在电气设备上作业时，应将未经验电的设备视为带电设备。 （2）在高、低压设备上工作，应至少由两人进行，并完成保证安全的组织措施和技术措施。 （3）工作人员应正确使用合格的安全绝缘工器具和个人劳动防护用品。 （4）工作票许可人应指明作业现场周围的带电部位，工作负责人确认无倒送电的可能。 （5）严禁工作人员未履行工作许可手续擅自开启电气设备柜门或操作电气设备。 （6）严禁在未采取任何监护措施和保护措施情况下现场作业	
	3	班前会（责任人：工作负责人、专责监护人） 交代工作内容、人员分工、带电部位和现场安全措施，进行危险点告知，进行技术交底，并履行确认手续	防止危险点未告知和工作班成员状态欠佳，引起人身伤害和设备损坏	

项目	序号	内容	危险点	执行
作业过程	4	断开电源并验电（责任人：工作班成员） （1）核对作业间隔。 （2）使用验电笔（器）对计量柜（箱）金属裸露部分进行验电。 （3）确认电源进、出线方向，断开进、出线电源，且能观察到明显断开点。 （4）使用验电笔（器）再次进行验电，确认互感器一次进出线等部位均无电压后，装设接地线、悬挂标牌、装设遮栏	（1）防止开关故障或客户倒送电造成人身触电。 （2）断开开关把手上应悬挂"禁止合闸，有人工作!"的标示牌	
	5	核对信息（责任人：工作班成员） （1）根据新装工作单核对客户信息和电能表、互感器的铭牌内容、资产条码及有效检验合格标志等，防止因信息错误造成计量差错。 （2）检查电能表时钟偏差是否超过3min，时段设置是否正确。 （3）检查电能表最后一次编程时间和次数。 （4）检查电能表电池状态，当电池电量不足时应及时更换电能表。 （5）以上检查中发现异常，直接转入异常处理流程	（1）信息核实漏项。 （2）发现异常未转入异常处理流程	
	6	计量柜（箱）的检查、安装（责任人：工作班成员） （1）检查确认计量柜（箱）完好，金属计量柜（箱）接地是否可靠，有无挂表架、试验接线盒等，能否满足加封等规范要求。 （2）如为壁挂式计量箱，需合理选择安装位置固定表箱，避免阳光、雨水、粉尘等侵蚀，表箱成垂直、四方固定，室内表箱固定高度应保证将电能表安装其中后，电能表水平中心线距离地面尺寸在0.8~1.8m的高度；室外计量箱下沿距安装处地面的高度宜在1.6~1.8m。 （3）排列表箱进线导线，检查导线外观无松股，绝缘无破损，导线连接头、分流夹无金属面裸露，导线应加装PVC管（或槽板），进出线不能同管，固定良好后外形横平竖直	（1）进出线不能同管。 （2）导线绝缘无破损，金属无裸露。 （3）安装位置不规范。 （4）高处安装时坠落或坠物	
	7	安装电流互感器（责任人：工作班成员） （1）查看电源进线及相色，确定电源侧方向。 （2）确定电流互感器安装位置并固定，各相间保持足够的距离。 （3）电流互感器一次绕组与电源串联接入。 （4）同一组的电流互感器应采用制造厂、型号、额定电流（电压）变比、准确度等级、二次容量均相同的互感器。 （5）电流互感器进线端极性符号应一致	（1）互感器极性不一致。 （2）同一组的电流（电压）互感器信息不一致	
	8	连接电流互感器二次回路导线（电流互感器与试验接线盒的连接）（责任人：工作班成员） （1）导线应采用单股铜质绝缘导线，电流互感器二次回路截面积不应小于4mm²，A、B、C各相导线应采用黄、绿、红色线，中性线采用蓝色。	（1）应按图施工、接线正确；电气连接可靠、接触良好；配线整齐美观；导线无损伤、绝缘良好。	

项目	序号	内容	危险点	执行
作业过程	8	（2）二次回路应安装试验接线盒。 （3）使用万用表等设备校对检测电流互感器计量二次回路导线通断，检测完后，导线两端分别穿号箍编码标识（编号应方向一致，编号面向观察者）。 （4）电流回路按相色分相接线，低压电流互感器的二次绕组与试验接线盒之间采用六线连接；低压电流互感器二次回路不接地。 （5）经低压电流互感器接入的三相四线电能表，其电压引入线应单独接入，不得与电流线共用，电压引入线的另一端应接在电流互感器的一次电源侧，并在电源侧母线上另行引出，禁止在母线连接螺丝处引出，电压引入线与电流互感器一次电源应同时切合。 （6）当导线接入的端子是接线螺钉时，应根据螺钉的直径将导线的末端弯成一个环，其弯曲方向应与螺钉旋入方向相同，螺钉（或螺帽）与导线间、导线与导线间应加垫圈；当导线接入的端子是接线端钮时，先拧紧插入端钮远端螺钉，再拧紧插入端钮近端螺钉；注意用力适当不得压伤导线。 （7）导线金属裸露部分应全部压入接线螺钉或端钮内，不得有外露、压皮现象。	（2）严禁接线错误造成电流互感器二次回路开路。 （3）未安装试验接线盒，客户侧贸易结算计量装置中电流互感器应从输出端子直接接至试验接线盒，中间无其他辅助接点、接头或其他连接端子。 （4）二次回路接线应遵循"电压正相序，电压电流相别一致"原则。 （5）电流互感器二次侧每相电流的进、出线，应接入试验接线盒对应相电流的2、3端钮	
	9	安装电能表（责任人：工作班成员） （1）把电能表牢固地固定在计量柜（箱）内，电能表显示屏与观察窗对准，室内电能表安装高度宜在0.8~1.8m（表水平中心线距离地面尺寸）；室外电能表安装在计量箱内，计量箱下沿距安装处地面的高度宜在1.6~1.8m。 （2）电能表应尽量远离计量柜（箱）内布线，尽量减小电磁场对电能表产生的影响。电能表与屏边最小距离大于40mm，两只三相表距离应大于80mm。 （3）电能表与试验接线盒之间的垂直距离应大于40mm；试验接线盒与周围壳体结构件之间的间距应大于40mm	（1）电能表固定不牢，未对电能表3个安装孔进行固定，严禁只固定1个或2个安装螺钉。 （2）安装位置不规范。 （3）高处安装时坠落或坠物	
	10	安装电能表接线（电能表与试验接线盒的连接）（责任人：工作班成员） （1）导线应采用单股铜质绝缘导线，电流、电压二次回路截面积不小于4mm²。所有布线要求按图施工，横平竖直、整齐美观、连接可靠、接触良好；导线排列顺序应按正相序（即黄、绿、红色线为自左向右或自上向下）排列；导线两端分别穿号箍编码标识（编号应方向一致，编号面向观察者）。 （2）按照先电流后电压、先电流出后电流进、先零后相、从右到左的顺序进行接线。 （3）导线金属裸露部分应全部插入接线端钮内，不得有外露、压皮现象；导线连接时，先拧紧插入端钮远端螺栓，再拧紧插入端钮近端螺栓，同时注意用力适当不得压伤导线。 （4）导线连接完后，将试验接线盒内电流、电压连接片接至正常位置	（1）应按图施工、接线正确；电气连接可靠、接触良好；配线整齐美观；导线无损伤、绝缘良好。 （2）导线未采用单股4mm²铜质绝缘导线；导线排列顺序不规范。 （3）电能表每相电流的进、出线，应接入试验接线盒对应相电流的1、3端钮	

项目	序号	内容	危险点	执行
作业过程	11	安装质量和接线检查（责任人：工作责任人、工作班成员） （1）检查互感器、电能表是否安装牢固。 （2）检查一次、二次接线是否正确，各侧连接螺丝是否牢固，电流进出线是否接反，电压相序是否接错。 （3）检查试验接线盒内连接片位置，确保正确。 （4）现场不具备通电条件的可先实施封印并完善记录（即跳过12步，执行13步）	检测漏项	
	12	如现场具备通电检查条件，还需带电测试（责任人：工作班成员） （1）拆除接地线，再次确认出线侧开关处于断开位置。 （2）合上进线侧开关（如为壁挂式计量箱应先搭接表箱进线电源侧的零线和相线，搭接顺序遵循先零后相，再合上进线侧开关），确认电能表带电运行状态正常。 （3）合上出线侧开关，确认客户可以正常用电，观察电表有无报警、错误代码及异常显示。 （4）用相位伏安表等设备检测电流、电压、相序等是否与电能表显示一致。 （5）用验电笔（器）测试电能表外壳、零线端子、接地端子应无电压	（1）通电工作应使用绝缘工器具，设专人监护。 （2）不断开负荷开关通电易引起设备损坏、人身伤害。 （3）检测漏项	
	13	加封并完善记录（责任人：工作班成员） （1）确认安装无误后，对电能计量装置加封，并在工单上记录加封位置及封印编号（封号应面向观察者）。 （2）在安装工作单上完善新装电能表有功、无功起度、时钟及时段等信息	信息记录不全、不正确	
	14	拍照留档（责任人：工作班成员） 对计量装置及其接线、封印等拍照留档	未拍照留档	
作业终结	15	现场工作终结（责任人：工作责任人、工作班成员） （1）现场作业完毕，拆除安全措施，作业人员应清点个人工器具、设备并清理现场。 （2）请客户对工单信息及现场工作进行签字确认，办理工作票终结	（1）工具、设备遗漏。 （2）未拆除安全措施。 （3）未请客户签字确认。 （4）未办理终结手续	
	16	系统数据维护及工单归档（责任人：工作班成员） （1）1个工作日内在系统中进行新装数据维护。 （2）工作票或工作任务（派工）单、客户现场工作作业风险预控卡、标准化作业卡、新装工作单（复印件）等现场作业记录，安装班组应按月妥善留档存放，新装工单原件及时转交营业归档	（1）系统数据录入错误。 （2）新装工单未复印留档	
备注				

工作负责人：　　　　　　　　监护人：　　　　　　　　工作班成员：

单相电能表拆除标准化作业卡

工作日期： 年 月 日　　　　　　　　　　　　工作票（工作任务单）编号：

项目	序号	内容	危险点	执行
客户名称及编号			电能表表号及规格		
作业准备	1	办理工作票许可（责任人：工作负责人） （1）告知客户或有关人员，说明工作内容。 （2）办理工作票许可手续。在客户电气设备上工作时应由供电公司与客户方进行双许可，双方在工作票上签字确认。客户方由具备资质的电气工作人员许可，并对工作票中安全措施的正确性、完备性、现场安全措施的完善性以及现场停电设备有无突然来电的危险负责。 （3）会同工作许可人检查现场的安全措施是否到位，检查危险点预控措施是否落实	（1）防止因安全措施未落实引起人身伤害和设备损坏。 （2）同一张工作票，工作票签发人、工作负责人、工作许可人三者不得相互兼任	
	2	检查并确认安全工作措施（责任人：工作负责人） （1）低压设备应根据工作票所列安全要求，落实安全措施。涉及停电作业的必须严格履行停电、验电、装设接地线、悬挂标示牌和装设遮栏等技术措施后方可工作。工作负责人应会同工作票许可人确认停电范围、断开点、接地、标示牌正确无误。工作负责人在作业前应要求工作票许可人当面验电。必要时工作负责人还可使用自带验电器（笔）重复验电。 （2）应在作业现场装设临时遮栏，将作业点与邻近带电间隔或带电部位隔离。工作中应保持与带电设备的安全距离	（1）在电气设备上作业时，应将未经验电的设备视为带电设备。 （2）在低压设备上工作，应至少由两人进行，并完成保证安全的组织措施和技术措施。 （3）工作人员应正确使用合格的安全绝缘工器具和个人劳动防护用品。 （4）工作票许可人应指明作业现场周围的带电部位，工作负责人确认无倒送电的可能。 （5）严禁工作人员未履行工作许可手续擅自开启电气设备柜门或操作电气设备。 （6）严禁在未采取任何监护措施和保护措施情况下现场作业	
	3	班前会（责任人：工作负责人、专责监护人） 交代工作内容、人员分工、带电部位和现场安全措施，进行危险点告知，进行技术交底，并履行确认手续	防止危险点未告知和工作班成员状态欠佳，引起人身伤害和设备损坏	
作业过程	4	断开电源并验电（责任人：工作班成员） （1）核对作业计量点。 （2）使用验电笔（器）对计量箱金属裸露部分进行验电。 （3）确认电源进、出线方向，由断开进、出线电源，且能观察到明显断开点。 （4）使用验电笔（器）再次进行验电，确认一次进出线等部位均无电压后，装设接地线、悬挂标识牌和装设遮栏	（1）防止开关故障或客户倒送电造成人身触电。 （2）断开开关把手上应悬挂"禁止合闸，有人工作！"的标示牌	
	5	核对信息（责任人：工作班成员） （1）根据拆除工单核对客户信息，电能表铭牌内容，资产信息，有效检验合格标志等信息，拆除原因、方案是否符合现场实际情况。 （2）核对拆除计量装置封印是否完好，封印信息是否与装拆工单信息一致。 （3）检查拆除电能表当前止度与最近一次抄表记录。 （4）检查拆除电能表示值应正常，各时段计度器示值电量之和与总计度器示值电量的相对误差应不大 0.1%。	（1）核实漏项。 （2）发现问题未转异常处理流程	

项目	序号	内容	危险点	执行
作业过程	5	（5）检查拆除电能表时钟是否偏差超过 5min，时段设置是否正确。 （6）检查拆除电能表最近一次编程时间和编程次数。 （7）检查拆除电能表是否有报警信息、错误代码等异常显示信息。 （8）以上检查中发现故障异常，直接转异常处理程序		
	6	记录拆除表信息并拍照留档（责任人：工作班成员） （1）记录拆除表的有功电量止度（包括正向、反向的总、尖、峰、平、谷）。 （2）对电能表当前各项读数及时钟、时段拍照留档	（1）未记录电能表当前各项读数信息。 （2）未拍照留档	
	7	拆除电能表及连线（责任人：工作班成员） （1）验电并确认无电。 （2）先拆除电能表控制线，再拆除微型断路器侧控制线。 （3）按照拆除顺序：先相线、后零线，先电流进线、后电流出线，从左到右拆除电能表连接导线，拆除导线用绝缘胶布包裹，并保证相互距离不小于 5cm。 （4）拆除电能表固定螺丝，将电能表拆下	应验电防止电源未切除，拆除中及拆除后引起人身触电	
作业终结	8	现场工作终结（责任人：工作负责人、工作班成员） （1）现场作业完毕，拆除接地线等安全措施，作业人员应清点个人工器具、设备、旧表、旧封印等，并清理现场。 （2）请客户对工单信息及现场工作进行签字确认，办理工作票终结	（1）工具、设备、旧表、旧封印遗漏，未清理。 （2）未拆除安全措施。 （3）未请客户签字确认。 （4）未办理终结手续	
	9	旧资产退库（责任人：工作班成员） （1）工作成员 1 个工作日内带上拆除工单、拆表止度照片、旧表、旧封印等到表库退旧资产。 （2）表库资产员核对拆表工单、拆表止度照片及旧表等，资产编号、止度信息等无误后入库。 （3）发现异常进入异常处理程序	（1）未及时退旧资产。 （2）未进行信息核对。 （3）发现异常未转异常处理程序	
	10	系统数据维护及工单归档（责任人：工作班成员） （1）1 个工作日内在系统中进行拆除数据维护。 （2）工作票或工作任务（派工）单、客户现场工作作业风险预控卡、标准化作业卡、拆除工单（复印件）等现场作业记录，安装班组应按月妥善留档存放，拆除工单原件及时转交营业归档	（1）系统数据录入错误。 （2）拆除工单未复印留档	
备注				

工作负责人：　　　　　　　监护人：　　　　　　　工作班成员：

附表 20　　　　　　　　　**单相电能表更换标准化作业卡**

工作日期：　　年　　月　　日　　　　　　　　工作票（工作任务单）编号：

客户名称及编号			电能表表号及规格		

项目	序号	内容	危险点	执行
作业准备	1	办理工作票许可（责任人：工作负责人） （1）告知客户或有关人员，说明工作内容。 （2）办理工作票许可手续。在客户电气设备上工作时应由供电公司与客户方进行双许可，双方在工作票上签字确认。客户方由具备资质的电气工作人员许可，并对工作票中安全措施的正确性、完备性、现场安全措施的完善性以及现场停电设备有无突然来电的危险负责。 （3）会同工作许可人检查现场的安全措施是否到位，检查危险点预控措施是否落实	（1）防止因安全措施未落实引起人身伤害和设备损坏。 （2）同一张工作票，工作票签发人、工作负责人、工作许可人三者不得相互兼任	

项目	序号	内容	危险点	执行
作业准备	2	检查并确认安全工作措施（责任人：工作负责人） （1）低压设备应根据工作票所列安全要求，落实安全措施。涉及停电作业的应实施停电、验电、挂接地线或合上接地刀闸、悬挂标示牌后方可工作。工作负责人应会同工作票许可人确认停电范围、断开点、接地、标示牌正确无误。工作负责人在作业前应要求工作票许可人当面验电。必要时工作负责人还可使用自带验电器（笔）重复验电。 （2）应在作业现场装设临时遮栏，将作业点与邻近带电间隔或带电部位隔离。工作中应保持与带电设备的安全距离	（1）在电气设备上作业时，应将未经验电的设备视为带电设备。 （2）在低压设备上工作，应至少由两人进行，并完成保证安全的组织措施和技术措施。 （3）工作人员应正确使用合格的安全绝缘工器具和个人劳动防护用品。 （4）工作票许可人应指明作业现场周围的带电部位，工作负责人确认不倒送电的可能。 （5）严禁工作人员未履行工作许可手续擅自开启电气设备柜门或操作电气设备。 （6）严禁在未采取任何监护措施和保护措施情况下现场作业	
	3	班前会（责任人：工作负责人、专责监护人） 交代工作内容、人员分工、带电部位和现场安全措施，进行危险点告知，进行技术交底，并履行确认手续	防止危险点未告知和工作班成员状态欠佳，引起人身伤害和设备损坏	
作业过程	4	验电（责任人：工作班成员） （1）核对作业计量点。 （2）使用验电笔（器）对计量箱等进行验电，确认无电	（1）防止走错间隔。 （2）防止计量箱带电	
	5	核对信息（责任人：工作班成员） （1）根据更换工单核对客户信息，新、旧电能表铭牌内容、资产信息，有效检验合格标志，时钟是否超差（新电能表不超过3min，需更换电能表不超过5min），时段设置是否正确等，换表原因、方案是否符合现场实际情况。 （2）检查电能表电池状态，当电池电量不足时应及时更换电能表。 （3）以上检查中发现故障异常，直接转异常处理程序	（1）核实漏项。 （2）发现问题未转异常处理流程	
	6	检查需更换电能表接线及运行情况（责任人：工作班成员） （1）检查确认计量箱完好，核对计量装置封印是否完好，封印信息是否与装拆工单信息一致。 （2）核对需更换电能表当前止度与最近一次抄表记录。 （3）检查需更换电能表示值应正常，各时段计度器示值电量之和与总计度器示值电量的相对误差应不大0.1%。 （4）检查需更换电能表是否有报警信息、错误代码等异常显示信息。 （5）测量需更换电能表电压、电流等与电能表显示是否一致。 （6）以上检查中发现故障异常，直接转入异常处理流程	（1）检查漏项。 （2）发现问题未转异常处理流程	
	7	记录需更换电能表信息并拍照留档（责任人：工作班成员） （1）记录需更换电能表有功、无功电量止度（包括正向、反向总、尖、峰、平、谷）。 （2）对需更换电能表当前各项读数及时钟、时段拍照留档	（1）未记录电能表当前各项读数信息。 （2）未拍照留档	

项目	序号	内容	危险点	执行
作业过程	8	断开电源并验电（责任人：工作班成员） （1）核对作业计量点。 （2）使用验电笔（器）对计量柜（箱）金属裸露部分进行验电。 （3）确认电源进、出线方向，断开出线微型断路器，断开进线电源开关，且能观察到明显断开点。 （4）使用验电笔（器）再次进行验电，确认进出线等部位均无电压后，装设接地线、悬挂标识牌和装设遮栏	安全措施不到位	
	9	拆除电能表及连线（责任人：工作班成员） （1）验电并确认无电。 （2）先拆电能表与微型断路器之间的控制线。 （3）再按照拆除顺序：先相线、后零线，先电流进线、后电流出线，从左到右拆除电能表连接导线。拆除导线用绝缘胶布包裹，保证相互距离不小于 5cm，并做好标记。 （4）拆除电能表固定螺丝，将电能表拆下	应验电，防止电源未切除，拆除中及拆除后引起人身触电	
	10	安装电能表（责任人：工作班成员） （1）把电能表牢固地安装在计量柜（箱）内，电能表显示屏与观察窗对准，室内电能表安装高度宜在 0.8～1.8m（表水平中心线距离地面尺寸），室外电能表安装在计量箱内，计量箱下沿距地面高度宜在 1.6～1.8m。 （2）电能表应尽量远离计量柜（箱）内布线，尽量减小电磁场对电能表产生的影响。电能表与箱边最小距离应大于40mm	安装位置不规范	
	11	新装电能表接线（责任人：工作班成员） （1）导线线径应按表计容量选择。 （2）所有布线要求按图施工，横平竖直、整齐美观、连接可靠、接触良好。小区楼盘集中安装的电能表，进表的相线应按楼层相线颜色（A/B/C 黄、绿、红）使用对应色线。单户电能表进表的相线使用红色。零线使用蓝色。 （3）按照先电流后电压、先电流出后电流进、先零后相、从右到左的顺序进行接线。 （4）电能表如采用多股绝缘导线，多股导线应用设备压接或绞接后再接入电能表端钮。 （5）导线金属裸露部分应全部插入接线端钮内，不得有外露、压皮现象。导线连接时，先拧紧插入端钮远端螺栓，再拧紧插入端钮近端螺栓，同时注意用力适当不得压伤导线。 （6）计量箱内布线进出线不能同管，同时布线应尽量远离电能表，尽量减小电磁场对电能表产生的影响。 （7）安装电能表与微型断路器控制线	（1）严禁接线不规范原拆原换。 （2）导线相色不规范。 （3）进出线不能同管。 （4）严禁共用零线。 （5）严禁电能表零线端子电源线只进不出，入户零线必须从电能表出零线端子连接入户	
	12	安装质量和接线检查（责任人：工作责任人、工作班成员） （1）检查表箱、电能表是否安装牢固。 （2）检查接线是否正确，各侧连接螺丝是否牢固，电流进出线是否接反，电压相序是否接错。 （3）核对表后线是否与客户对应。 （4）现场不具备通电条件的可先实施封印并完善记录（即跳过 13 步，执行 14 步）	检测漏项	

项目	序号	内容	危险点	执行
作业过程	13	现场通电及检查（责任人：工作班成员） （1）拆除接地线和标识牌，通电前再次确认出线微型断路器处于断开位置。 （2）合上进线电源开关，确认电能表带电运行状态正常。 （3）合上微型断路器，确认客户可以正常用电，观察电表有无报警、错误代码及异常显示。 （4）用相位伏安表等设备检测电流、电压、相序等是否与电能表显示一致。 （5）用验电笔（器）测试电能表外壳、零线端子、接地端子应无电压。 （6）核对表后线是否与客户对应	（1）通电工作应使用绝缘工器具，设专人监护。 （2）不断开负荷开关通电易引起设备损坏、人身伤害。 （3）不核对表后线	
	14	加封并完善记录（责任人：工作班成员） （1）确认安装无误后，对电能表、计量柜（箱）等加封，并在工单上记录加封位置及封印编号（封号应面向观察者）。 （2）在安装工作单上完善新装电能表有功、无功起度、时钟及时段等信息	信息记录不全、不正确	
	15	拍照留档（责任人：工作班成员） 对计量设备装置及其接线、封印等拍照留档	未拍照留档	
作业终结	16	现场工作终结（责任人：工作负责人、工作班成员） 现场作业完毕，拆除安全措施，作业人员应清点个人工器具、设备、旧表、旧封印等，并清理现场，请客户对工单信息及现场工作进行签字确认，办理工作票终结	（1）工具、设备、旧表、旧封印等遗漏，未清理。 （2）未拆除安全措施。 （3）未请客户签字确认 （4）未办理终结手续	
	17	旧资产退库（责任人：工作班成员） （1）工作人员1个工作日内带上更换工单、换表止度照片、旧表、旧封印等到表库退旧资产。 （2）表库资产管理员核对更换工单、照片及旧表实物，资产编号、止度信息等无误后入库。 （3）发现异常进入异常处理程序	（1）未及时退旧资产。 （2）未进行信息核对。 （3）发现异常未转异常处理程序	
	18	系统数据维护及工单归档（责任人：工作班成员） （1）1个工作日内在系统中进行更换数据维护。 （2）工作票或工作任务（派工）单、客户现场作业风险预控卡、标准化作业指导卡、更换工单（复印件）等现场作业记录，安装班组应按月妥善留档存放，更换工单原件及时转交营业归档	（1）系统数据录入错误。 （2）更换工单未复印留档	
备注				

工作负责人： 　　　　　　监护人： 　　　　　　　　　　工作班成员：

附表 21　　　　　　　　　　**单相电能表新装标准化作业卡**

工作日期：　　年　　月　　日　　　　　　　　工作票（工作任务单）编号：

客户名称及编号		电能表表号及规格		
项目	序号	内容	危险点	执行
作业准备	1	办理工作票许可（责任人：工作负责人） （1）告知客户或有关人员，说明工作内容。 （2）办理工作票许可手续。在客户电气设备上工作时应由供电公司与客户方进行双许可，双方在工作票上签字确认。客户方由具备资质的电气工作人员许可，并对工作票中安全措施的正确性、完备性，现场安全措施的完善性以及现场停电设备有无突然来电的危险负责。 （3）会同工作许可人检查现场的安全措施是否到位，检查危险点预控措施是否落实	（1）防止因安全措施未落实引起人身伤害和设备损坏。 （2）同一张工作票，工作票签发人、工作负责人、工作许可人三者不得相互兼任	

项目	序号	内容	危险点	执行
作业准备	2	检查并确认安全工作措施（责任人：工作负责人） （1）低压设备应根据工作票所列安全要求，落实安全措施。涉及停电作业的应实施停电、验电、挂接地线或合上接地刀闸、悬挂标示牌后方可工作。工作负责人应会同工作票许可人确认停电范围、断开点、接地、标示牌正确无误。工作负责人在作业前应要求工作票许可人当面验电。必要时工作负责人还应使用自带验电器（笔）重复验电。 （2）应在作业现场装设临时遮栏，将作业点与邻近带电间隔或带电部位隔离。工作中应保持与带电设备的安全距离	（1）在电气设备上作业时，应将未经验电的设备视为带电设备。 （2）在低压设备上工作，应至少由两人进行，并完成保证安全的组织措施和技术措施。 （3）工作人员应正确使用合格的安全绝缘工器具和个人劳动防护用品。 （4）工作票许可人应指明作业现场周围的带电部位，工作负责人确认无倒送电的可能。 （5）严禁工作人员未履行工作许可手续擅自开启电气设备柜门或操作电气设备。 （6）严禁在未采取任何监护措施和保护措施情况下现场作业	
	3	班前会（责任人：工作负责人、专责监护人） 交代工作内容、人员分工、带电部位和现场安全措施，进行危险点告知，进行技术交底，并履行确认手续	防止危险点未告知和工作班成员状态欠佳，引起人身伤害和设备损坏	
作业过程	4	断开电源并验电（责任人：工作班成员） （1）核对作业计量点。 （2）使用验电笔（器）对计量柜（箱）金属裸露部分进行验电。 （3）确认电源进、出线方向，由工作许可人断开进、出线电源，且能观察到明显断开点。 （4）使用验电笔（器）再次进行验电，确认一次进出线等部位均无电压后，装设接地线	（1）防止开关故障或客户倒送电造成人身触电。 （2）断开开关把手上应悬挂"禁止合闸，有人工作！"的标示牌	
	5	核对信息（责任人：工作班成员） （1）根据新装工单核对客户信息和电能表铭牌内容、资产条码及有效检验合格标志等，防止因信息错误造成计量差错。 （2）检查电能表电池状态，当电池电量不足时应及时更换电能表。 （3）检查电能表时钟偏差是否超过3min，时段设置是否正确	（1）核查漏项。 （2）发现异常未转异常处理程序	
	6	计量箱的检查、安装（责任人：工作班成员） （1）检查确认计量箱是否完好，是否符合加封等规范要求。 （2）计量箱需合理选择安装位置并固定，避免阳光、雨水、粉尘等侵蚀，表箱成垂直、四方固定，室内表箱固定高度应保证将电能表安装其中后，电能表的高度为0.8～1.8m（表水平中心线距地面尺寸），室外电能表箱下沿距地面高度宜在1.6～1.8m。 （3）排列表箱进线导线，应检查导线外观无松股，绝缘无破损，导线连接头、分流线夹无金属面裸露，每只电能表具有独立的相线、零线，导线应加装PVC管（或槽板），进出线不能同管，固定良好后外形横平竖直	（1）进出线不能同管。 （2）绝缘无破损，金属面无裸露。 （3）安装位置不规范。 （4）高处安装时坠落或坠物	

项目	序号	内容	危险点	执行
作业过程	7	安装电能表（责任人：工作班成员） （1）把电能表牢固安装在计量柜（箱）内，电能表显示屏应与观察窗对准，室内电能表安装高度宜在 0.8～1.8m（表水平中心线距离地面尺寸），室外电能表安装在计量箱内，计量箱下沿距地面高度宜在 1.6～1.8m。 （2）电能表应尽量远离计量柜（箱）内布线，尽量减小电磁场对电能表产生影响。电能表与表箱最小距离应大于 40mm	（1）进出线不能同管。 （2）绝缘无破损，金属面无裸露	
	8	安装电能表接线（责任人：工作班成员） （1）导线线径应按表计容量选择。 （2）所有布线要求按图施工，横平竖直、整齐美观、连接可靠、接触良好。小区楼盘集中安装的电能表，进电表的相线应按楼层相线颜色（A、B、C 黄、绿、红）使用对应色线。单户电能表进电表的相线使用红色。零线使用蓝色。 （3）按照先电流后电压、先电流出后电流进、先零后相、从右到左的顺序进行接线。 （4）电能表如采用多股绝缘导线，多股导线应用设备压接或绞接后再接入电能表端钮。 （5）导线金属裸露部分应全部插入接线端钮内，不得有外露、压皮现象。导线连接时，先拧紧插入端钮远端螺栓，再拧紧插入端钮近端螺栓，同时注意用力适当不得压伤导线。 （6）计量箱内布线进出线不能同管，同时布线应尽量远离电能表，尽量减小电磁场对电能表产生的影响	（1）导线相色不规范。 （2）进出线不能同管。 （3）严禁共用零线。 （4）严禁电能表零线端子电源线只进不出，入户零线必须从电能表出零线端子连接入户	
	9	微型断路器安装及接线（责任人：工作班成员） （1）微型断路器应固定安装在表箱的安装插槽内。 （2）连接电能表相线、零线至微型断路器。 （3）安装电能表至微型断路器的控制线	双极微型断路器零线端未接或错接	
	10	安装质量和接线检查（责任人：工作责任人、工作班成员） （1）检查表箱、电能表、微型断路器是否安装牢固。 （2）检查接线是否正确，各侧连接螺丝是否牢固，电流进出线是否接反，控制线是否接错。 （3）现场不具备通电条件的可先实施封印并完善记录（即跳过 11 步，执行 12 步）	检测漏项	
	11	现场通电及检查（责任人：工作班成员） （1）拆除接地线，通电前再次确认出线开关处于断开位置。 （2）按先零线后相线的顺序，连接进线电源侧的零线和相线，合上进线电源开关确认电能表带电运行状态正常。 （3）合上微型断路器，确认客户可以正常用电，观察电能表有无报警、错误代码及异常显示。 （4）用钳形万用表等设备检测电流、电压等是否与电能表显示一致。 （5）用验电笔（器）测试电能表外壳、零线端子等应无电压。 （6）核对表后线是否与客户对应	（1）通电工作应使用绝缘工器具，设专人监护。 （2）不断开负荷开关通电易引起设备损坏、人身伤害。 （3）不核对表后线	
	12	加封并完善记录（责任人：工作班成员） （1）确认安装无误后，对电能表、计量箱等加封，并在工单上记录加封位置及封印编号（封号应面向观察者）。 （2）在安装工作单上完善新装电能表有功起度、时钟及时段等信息	信息记录不全、不正确	
	13	拍照留档（责任人：工作班成员） 对计量装置及其接线、封印等拍照留档	未拍照留档	

项目	序号	内容	危险点	执行
作业终结	14	现场工作终结（责任人：工作责任人、工作班成员） 现场作业完毕，拆除安全措施，作业人员应清点个人工器具、设备并清理现场，请客户对工单信息及现场工作进行签字确认，办理工作票终结	（1）工具、设备遗漏。 （2）未拆除安全措施。 （3）未请客户签字确认。 （4）未办理终结手续	
	15	系统数据维护及工单归档（责任人：工作班成员） （1）1个工作日内在系统中进行新装数据维护。 （2）工作票或工作任务（派工）单、客户现场工作作业风险预控卡、标准化作业卡、新装工单（复印件）等现场作业记录，安装班组应按月妥善留档存放，新装工单原件及时转交营业归档	（1）系统数据录入错误。 （2）新装工单未复印留档	
备注				

工作负责人：　　　　　　　　　监护人：　　　　　　　　　工作班成员：

附表 22　　　　　　　　　**直接接入式三相电能表拆除标准化作业卡**

工作日期：　　年　　月　　日　　　　　　　工作票（工作任务单）编号：

客户名称及编号		电能表表号及规格		
项目	序号	内容	危险点	执行
作业准备	1	办理工作票许可（责任人：工作负责人） （1）告知客户或有关人员，说明工作内容。 （2）办理工作票许可手续。在客户电气设备上工作时应由供电公司与客户方进行双许可，双方在工作票上签字确认。客户方由具备资质的电气工作人员许可，并对工作票中安全措施的正确性、完备性，现场安全措施的完善性以及现场停电设备有无突然来电的危险负责。 （3）会同工作许可人检查现场的安全措施是否到位，检查危险点预控措施是否落实	（1）防止因安全措施未落实引起人身伤害和设备损坏。 （2）同一张工作票，工作票签发人、工作负责人、工作许可人三者不得相互兼任	
	2	检查并确认安全工作措施（责任人：工作负责人） （1）高、低压设备应根据工作票所列安全要求，落实安全措施。涉及停电作业的必须严格履行停电、验电、装设接地线、悬挂标示牌和装设遮栏等技术措施后方可工作。工作负责人应会同工作票许可人确认停电范围、断开点、接地、标示牌、遮栏正确无误。工作负责人在作业前应要求工作票许可人当面验电；必要时工作负责人还可使用自带验电器（笔）重复验电。 （2）应在作业现场装设临时遮栏，将作业点与邻近带电间隔或带电部位隔离。工作中应保持与带电设备的安全距离	（1）在电气设备上作业时，应将未经验电的设备视为带电设备。 （2）在高、低压设备上工作，应至少由两人进行，并完成保证安全的组织措施和技术措施。 （3）工作人员应正确使用合格的安全绝缘工器具和个人劳动防护用品。 （4）工作票许可人应指明作业现场周围的带电部位，工作负责人确认无倒送电的可能。 （5）严禁工作人员未履行工作许可手续擅自开启电气设备柜门或操作电气设备。 （6）严禁在未采取任何监护措施和保护措施情况下现场作业	
	3	班前会（责任人：工作负责人、专责监护人） 交代工作内容、人员分工、带电部位和现场安全措施，进行危险点告知，进行技术交底，并履行确认手续	防止危险点未告知和工作班成员状态欠佳，引起人身伤害和设备损坏	

132

项目	序号	内容	危险点	执行
作业过程	4	**断开电源并验电（责任人：工作班成员）** （1）核对作业间隔。 （2）使用验电笔（器）对计量柜（箱）金属裸露部分进行验电。 （3）确认电源进、出线方向，由断开进、出线电源，且能观察到明显断开点。 （4）使用验电笔（器）再次进行验电，确认一次进出线等部位均无电压后，装设接地线、悬挂标识牌和装设遮栏	（1）防止开关故障或客户倒送电造成人身触电。 （2）断开开关把手上应悬挂"禁止合闸，有人工作！"的标示牌	
	5	**核对信息（责任人：工作班成员）** （1）根据拆除工作单核对客户信息，电能表铭牌信息，资产信息，有效检验合格标志等信息，拆除原因、方案是否符合现场实际情况。 （2）核对拆除计量装置封印是否完好，封印信息是否与拆除工单信息一致。 （3）核查拆除电能表当前止度与最近一次抄表记录。 （4）检查拆除电能表示值应正常，各时段计度器示值电量之和与总计度器示值电量的相对误差应不大 0.1%。 （5）检查拆除电能表时钟偏差是否超过 5min，时段设置是否正确。 （6）检查拆除电能表最后一次编程时间和次数。 （7）检查拆除电能表是否有报警信息、错误代码等异常显示信息。 （8）检查拆除电能表是否有欠压、失流等事件记录，测量电压、电流、相序等并与电能表显示比对。 （9）以上检查中发现故障异常，直接转异常处理程序	（1）核实漏项。 （2）发现问题未转异常处理核流程	
	6	**记录拆除表信息并拍照留档（责任人：工作班成员）** （1）记录拆除表的有功、无功电量止度（包括正向、反向的总、尖、峰、平、谷）。 （2）对电能表当前各项读数及时钟、时段拍照留档	（1）未记录电能表当前各项读数信息。 （2）未拍照留档	
	7	**拆除电能表及连线（责任人：工作班成员）** （1）验电确认无电。 （2）按照拆除顺序：先相线、后零线，先电流进线、后电流出线，从左到右拆除电能表连接导线，拆除导线用绝缘胶布包好，防止误碰，并保证相互距离不小于 5cm。 （3）拆除电能表固定螺丝，将电能表拆下	应验电，防止电源未切除，拆除中及拆除后引起人身触电	
作业终结	8	**现场工作终结（责任人：工作负责人、工作班成员）** （1）现场作业完毕，拆除接地线等安全措施，作业人员应清点个人工器具、设备、旧表、旧封印等，并清理现场。 （2）请客户对工单信息及现场工作进行签字确认，办理工作票终结	（1）工具、设备、旧表、旧封印等遗漏，未清理 （2）未拆除安全措施。 （3）未请客户签字确认。 （4）未办理终结手续	
	9	**旧资产退库（责任人：工作班成员）** （1）工作成员 1 个工作日内带上拆除工单、拆表止度照片、旧表、旧封印等表库退旧资产。 （2）表库资产管理员核对拆除工单、照片、旧表等，资产编号、止度信息无误后入库。 （3）发现异常直接转入异常处理程序	（1）未及时退旧资产。 （2）未进行信息核对。 （3）发现异常未转异常处理程序	

项目	序号	内容	危险点	执行
作业终结	10	系统数据维护及工单归档（责任人：工作班成员） （1）1个工作日内在系统中进行拆除数据维护。 （2）工作票或工作任务（派工）单、客户现场工作作业风险预控卡、标准化作业指导卡、拆除工单（复印件）等现场作业记录，安装班组应按日期妥善留档存放，拆除工单原件及时转交营业归档	（1）系统数据录入错误。 （2）拆除工单未复印留档	
备注				

工作负责人：　　　　　　　监护人：　　　　　　　　　工作班成员：

附表 23　　　　　　　**直接接入式三相电能表更换标准化作业卡**

工作日期：　　年　　月　　日　　　　　　　　　工作票（工作任务单）编号：

客户名称及编号			电能表表号及规格		

项目	序号	内容	危险点	执行
作业准备	1	办理工作票许可（责任人：工作负责人） （1）告知客户或有关人员工作内容 （2）办理工作票许可手续。在客户电气设备上工作时应由供电公司与客户方进行双重许可，双方在工作票上签字确认。客户方由具备资质的电气工作人员许可，并对工作票中安全措施的正确性、完备性，现场安全措施的完善性以及现场停电设备有无突然来电的危险负责。 （3）会同工作许可人检查现场安全措施是否到位，检查危险点预控是否落实	（1）防止因安全措施未落实引起人身伤害和设备损坏。 （2）同一张工作票，工作票签发人、工作负责人、工作许可人三者不得相互兼任	
	2	检查并确认安全工作措施（责任人：工作负责人） （1）高、低压设备应根据工作票所列安全要求，落实安全措施。涉及停电作业的必须严格履行停电、验电、装设接地线、悬挂标示牌和装设遮栏等技术措施后方可工作。工作负责人应会同工作票许可人确认停电范围、断开点、接地、标示牌、遮栏正确无误。工作负责人在作业前应要求工作票许可人当面验电；必要时工作负责人还可使用自带验电器（笔）重复验电。 （2）应在作业现场装设临时遮栏，将作业点与邻近带电间隔或带电部位隔离。工作中应保持与带电设备的安全距离	（1）在电气设备上作业时，应将未经验电的设备视为带电设备。 （2）在高、低压设备上工作，应至少由两人进行，并完成保证安全的组织措施和技术措施。 （3）工作人员应正确使用合格的安全绝缘工器具和个人劳动防护用品。 （4）工作票许可人应指明作业现场周围的带电部位，工作负责人确认无倒送电的可能。 （5）严禁工作人员未履行工作许可手续擅自开启电气设备柜门或操作电气设备。 （6）严禁在未采取任何监护措施和保护措施情况下现场作业	
	3	班前会（责任人：工作负责人、专责监护人） 交代工作内容、人员分工、带电部位和现场安全措施，进行危险点告知，进行技术交底，并履行确认手续	防止危险点未告知和工作班成员状态欠佳，引起人身伤害和设备损坏	
作业过程	4	核对间隔和验电（责任人：工作班成员） （1）核对作业间隔。 （2）使用验电笔（器）对计量柜（箱）金属裸露部分进行验电	（1）防止走错间隔。 （2）防止计量柜（箱）等带电	

项目	序号	内容	危险点	执行
作业过程	5	核对信息（责任人：工作班成员） （1）根据更换工作单核对客户信息，新、旧电能表铭牌内容、资产信息，有效检验合格标志，时钟是否超差（新电能表不超过 3min，旧电能表不超过 5min），时段设置是否正确等，换表原因、方案是否符合现场实际情况。 （2）检查电能表电池状态，当电池电量不足时应及时更换电能表。 （3）以上检查中发现故障异常，直接转异常处理程序	（1）核实漏项。 （2）发现问题未转异常处理流程	
	6	检查需更换电能表接线及运行情况（责任人：工作班成员） （1）检查确认计量柜（箱）完好，核对电能计量装置封印是否完好，封印信息是否与装拆工单信息一致。 （2）比对需更换电能表当前止度与最近一次抄表记录。 （3）检查需更换电能表示值应正常，各时段计度器值电量之和与总计度器示值电量的相对误差应不大 0.1%。 （4）检查需更换电能表是否有报警信息、错误代码等异常显示信息。 （5）检查需更换电能表最后一次编程时间和次数。 （6）检查需更换电能表是否有欠压、失流等事件记录，测量电压、电流、相序等并与电能表显示比对。 （7）以上检查中发现故障异常，直接转入异常处理流程	（1）检查漏项。 （2）发现问题未转异常处理流程	
	7	记录需更换电能表信息并拍照留档（责任人：工作班成员） （1）记录运行电能表的有功、无功电量止度（包括正向、反向的总、尖、峰、平、谷）。 （2）对需更换电能表当前各项读数及时钟、时段拍照留档	（1）未记录电能表当前各项读数信息。 （2）未拍照留档	
	8	断开电源并验电（责任人：工作班成员） （1）核对作业间隔。 （2）使用验电笔（器）对计量柜（箱）金属裸露部分进行验电。 （3）确认电源进、出线方向，断开进、出线电源，且能观察到明显断开点。 （4）使用验电笔（器）再次进行验电，确认互感器一次进出线等部位均无电压后，装设接地线、悬挂标牌和装设遮栏	（1）防止开关故障或客户倒送电造成人身触电。 （2）断开开关把手上应悬挂"禁止合闸，有人工作！"的标示牌	
	9	拆除电能表及连线（责任人：工作班成员） （1）对电能表端钮盒端子进行验电，确认无电。 （2）按照拆除顺序：先相线、后零线，先电流进线、后电流出线，从左到右拆除电能表连接导线，拆除导线用绝缘胶布包好，防止误碰，并保证相互距离不小于 5cm。 （3）拆除电能表固定螺丝，将电能表拆下	防止电源未切除，拆除中及拆除后引起人身触电	
	10	安装电能表（责任人：工作班成员） （1）把电能表牢固地固定在计量柜（箱）内，电能表显示屏应与观察窗对准，室内电能表安装高度宜在 0.8～1.8m（表水平中心线距离地面尺寸），室外电能表安装在计量箱内，计量箱下沿距地面高度宜在 1.6～1.8m。 （2）电能表应尽量远离计量柜（箱）内布线，尽量减小电磁场对电能表产生的影响。电能表与屏边最小距离应大于 40mm，两只三相表距离应大于 80mm，两只单相表距离应大于 30mm	安装位置不规范	

项目	序号	内容	危险点	执行
作业过程	11	新装电能表接线（责任人：工作班成员） （1）导线线径应按表计容量选择。 （2）所有布线要求按图施工，横平竖直、整齐美观、连接可靠、接触良好；导线排列顺序应按正相序（即黄、绿、红色线为自左向右或自上向下）排列；零线用蓝色线。 （3）按照先电流后电压、先电流出后电流进、先零后相、从右到左的顺序进行接线。 （4）电能表如采用多股绝缘导线，应用设备压接后或绞接再接入电能表端钮。 （5）导线金属裸露部分应全部插入接线端钮内，不得有外露、压皮现象；导线连接时，先拧紧插入端钮远端螺钉，再拧紧插入端钮近端螺钉，同时注意用力适当不得压伤导线	（1）导线排列顺序不规范。 （2）应按图施工、接线正确；电气连接可靠、接触良好；配线整齐美观；导线无损伤、绝缘良好	
	12	安装质量和接线检查（责任人：工作责任人、工作班成员） （1）检查表箱、电能表是否安装牢固。 （2）接线是否正确，各侧连接螺丝是否牢固，电流进出线是否接反，电压相序是否接错。 （3）现场不具备通电条件的可先实施封印并完善记录（即跳过13步，执行14步）	检测漏项	
	13	现场通电及检查（责任人：工作班成员） （1）拆除接地线、标识牌，通电前再次确认出现开关处于断开位置。 （2）合上进线侧开关（如为壁挂式计量箱应先搭接表箱进线电源侧的零线和相线，再合上进线侧开关），确认电能表带电运行状态正常。 （3）合上出线侧开关，确认客户可以正常用电，观察电能表有无报警、错误代码及异常显示。 （4）用相位伏安表等设备检测电流、电压、相序等是否与电能表显示一致。 （5）用验电笔（器）测试电能表外壳、零线端子、接地端子应无电压	（1）先搭接零线、后搭接相线。 （2）通电工作应使用绝缘工器具，设专人监护。 （3）不断开负荷开关通电易引起设备损坏、人身伤害。 （4）检测漏项	
	14	加封并完善记录（责任人：工作班成员） （1）确认安装无误后，对电能计量装置等加封，并在工单上记录加封位置及封印编号（封号应面向观察者）。 （2）在安装工作单上完善新装电能表有功、无功起度、时钟及时段等信息	信息记录不全、不正确	
	15	拍照留档（责任人：工作班成员） 对计量装置及其接线、封印等拍照留档	未拍照留档	
作业终结	16	现场工作终结（责任人：工作负责人、工作班成员） （1）现场作业完毕，拆除安全措施，作业人员应清点个人工器具、设备、旧表、旧封印等，并清理现场。 （2）请客户对工单信息及现场工作进行签字确认，办理工作票终结	（1）工具、设备、旧表、旧封印等遗漏，未清理。 （2）未拆除安全措施。 （3）未请客户签字确认。 （4）未办理终结手续	
	17	旧资产退库（责任人：工作班成员） （1）工作人员1个工作日内带上换表单、换表止度照片、旧表、旧封印等到表库退旧资产。 （2）表库资产员核对换表单、照片及旧表、资产编号、止度信息等无误后入库。 （3）发现异常进入异常处理程序	（1）未及时退旧资产。 （2）未进行信息核对。 （3）发现异常未转异常处理程序	

项目	序号	内容	危险点	执行
作业终结	18	系统数据维护及工单归档（责任人：工作班成员） （1）1个工作日内在系统中进行更换数据维护。 （2）工作票或工作任务（派工）单、客户现场工作作业风险预控卡、标准化作业指导卡、更换工单（复印件）等现场作业记录，安装班组应按月妥善留档存放，更换工单原件及时转交营业归档	（1）系统数据录入错误。 （2）更换工单未复印留档	
备注				

工作负责人：　　　　　　监护人：　　　　　　　工作班成员：

附表 24　　　　　直接接入式三相电能表新装标准化作业卡

工作日期：　　年　　月　　日　　　　　工作票（工作任务单）编号：

客户名称及编号		电能表表号及规格		
项目	序号	内容	危险点	执行
作业准备	1	办理工作票许可（责任人：工作负责人） （1）告知客户或有关人员，说明工作内容。 （2）办理工作票许可手续。在客户电气设备上工作时应由供电公司与客户方进行双许可，双方在工作票上签字确认。客户方由具备资质的电气工作人员许可，并对工作票中安全措施的正确性、完备性、现场安全措施的完善性以及现场停电设备有无突然来电的危险负责。 （3）会同工作许可人检查现场的安全措施是否到位，检查危险点预控措施是否落实	（1）防止因安全措施未落实引起人身伤害和设备损坏。 （2）同一张工作票，工作票签发人、工作负责人、工作许可人三者不得相互兼任	
	2	检查并确认安全工作措施（责任人：工作负责人） （1）高、低压设备应根据工作票所列安全要求，落实安全措施。涉及停电作业的必须严格履行停电、验电、装设接地线、悬挂标示牌和装设遮栏等技术措施后方可工作。工作负责人应会同工作票许可人确认停电范围、断开点、接地、标示牌正确无误。工作负责人在作业前要求工作票许可人当面验电；必要时工作负责人还可使用自带验电器（笔）重复验电。 （2）应在作业现场装设临时遮栏，将作业点与邻近带电间隔或带电部位隔离。工作中应保持与带电设备的安全距离	（1）在电气设备上作业时，应将未经验电的设备视为带电设备。 （2）在高、低压设备上工作，应至少由两人进行，并完成保证安全的组织措施和技术措施。 （3）工作人员应正确使用合格的安全绝缘工器具和个人劳动防护用品。 （4）工作票许可人应指明作业现场周围的带电部位，工作负责人确认无倒送电的可能。 （5）严禁工作人员未履行工作许可手续擅自开启电气设备柜门或操作电气设备。 （6）严禁在未采取任何监护措施和保护措施情况下现场作业	
	3	班前会（责任人：工作负责人、专责监护人） 交代工作内容、人员分工、带电部位和现场安全措施，进行危险点告知，进行技术交底，并履行确认手续	防止危险点未告知和工作班成员状态欠佳，引起人身伤害和设备损坏	

项目	序号	内容	危险点	执行
作业过程	4	断开电源并验电（责任人：工作班成员） （1）核对作业间隔。 （2）使用验电笔（器）对计量柜（箱）金属裸露部分进行验电。 （3）确认电源进、出线方向，断开进、出线开关，且能观察到明显断开点。 （4）使用验电笔（器）再次进行验电，确认一次进出线等部位均无电压后，装设接地线、悬挂标识牌和装设遮栏	（1）防止开关故障或客户倒送电造成人身触电。 （2）断开开关把手上应悬挂"禁止合闸，有人工作！"的标示牌	
	5	核对信息（责任人：工作班成员） （1）根据新装工作单核对客户信息，电能表、互感器的铭牌内容，资产条码及有效检验合格标志等，防止因信息错误造成计量差错。 （2）检查电能表时钟偏差是否超过3min，时段设置是否正确。 （3）检查电能表电池状态，当电池电量不足时应及时更换电能表	（1）核查漏项。 （2）发现异常未转入异常处理程序	
	6	计量柜（箱）的检查、安装（责任人：工作班成员） （1）检查确认计量柜（箱）完好，金属计量柜（箱）接地是否可靠，有无挂表架、试验接线盒等，能否满足加封等规范要求。 （2）如为壁挂式计量箱，需合理选择安装位置固定表箱，避免阳光、雨水、粉尘等侵蚀，表箱成垂直、四方固定，室内表箱固定高度应保证将电能表安装其中后，电能表水平中心线距离地面尺寸在0.8～1.8m的高度；室外计量箱下沿距安装处地面的高度宜在1.6～1.8m。 （3）排列表箱进线导线，应检查导线外观无松股，绝缘无破损，导线连接头、分流线夹无金属裸露，导线加装PVC管（或槽板），进出线不能同管，固定良好后外形横平竖直	（1）进出线不能同管。 （2）导线绝缘破损，金属裸露。 （3）安装位置不规范。 （4）高处安装时坠落或坠物	
	7	安装电能表（责任人：工作班成员） （1）把电能表牢固地固定在计量柜（箱）内，电能表显示屏应与观察窗对准，室内电能表安装高度宜在0.8～1.8m（表水平中心线距离地面尺寸）；室外电能表安装在计量箱内，计量箱下沿距安装处地面的高度宜在1.6m～1.8m。 （2）电能表应尽量远离计量柜（箱）内布线，尽量减小电磁场对电能表产生的影响。电能表与屏边最小距离应大于40mm，两只三相表距离应大于80mm，两只单相表距离应大于30mm	（1）进出线不能同管。 （2）导线无绝缘破损，无金属裸露	
	8	安装电能表接线（责任人：工作班成员） （1）导线线径应按表计容量选择。 （2）所有布线要求按图施工，横平竖直、整齐美观、连接可靠、接触良好；导线排列顺序应按正相序（即黄、绿、红色线为自左向右或自上向下）排列；零线用蓝色导线。 （3）按照先电流后电压、先电流出后电流进、先零后相、从右到左的顺序进行接线。 （4）电能表如采用多股绝缘导线，应用设备压接或绞接后再接入电能表端钮。 （5）导线金属裸露部分应全部插入接线端钮内，不得有外露、压皮现象。导线连接时，先拧紧插入端钮远端螺钉，再拧紧插入端钮近端螺钉，同时注意用力适当不得压伤导线	（1）导线排列顺序不规范。 （2）应按图施工、接线正确，电气连接可靠、接触良好，配线整齐美观，导线无损伤、绝缘良好	

项目	序号	内容	危险点	执行
作业过程	9	安装质量和接线检查（责任人：工作责任人、工作班成员） （1）检查表箱、电能表是否安装牢固。 （2）接线是否正确，各侧连接螺丝是否牢固，电流进出线是否接反，电压相序是否接错。 （3）现场不具备通电条件的可先实施封印并完善记录（即跳过10步，执行11步）	检测漏项	
	10	现场通电及检查（责任人：工作班成员） （1）拆除接地线和标识牌，通电前再次确认出现开关处于断开位置。 （2）合上进线侧开关（如为壁挂式计量箱应先搭接表箱进线电源侧的零线和相线，按照先零线后相线的顺序，再合上进线侧开关），确认电能表带电运行状态正常。 （3）合上出线侧开关，确认客户可以正常用电，观察电表有无报警、错误代码及异常显示。 （4）用相位伏安表等设备检测电流、电压、相序等是否与电能表显示一致。 （5）用验电笔（器）测试电能表外壳、零线端子、接地端子应无电压	（1）先搭接零线、后搭接相线。 （2）通电工作应使用绝缘工器具，设专人监护。 （3）不断开负荷开关通电易引起设备损坏、人身伤害。 （4）检测漏项	
	11	加封并完善记录（责任人：工作班成员） （1）确认安装无误后，对电能计量装置加封，并在工单上记录加封位置及封印编号（封号应面向观察者）。 （2）在新装工作单上完善新装电能表有功、无功起度、时钟及时段等信息	信息记录不全、不正确	
	12	拍照留档（责任人：工作班成员） 对计量装置及其接线、封印等拍照留档	未拍照留档	
作业终结	13	现场工作终结（责任人：工作责任人、工作班成员） （1）现场作业完毕，拆除安全措施，作业人员应清点个人工器具、设备等，并清理现场。 （2）请客户对工单信息及现场工作进行签字确认，办理工作票终结	（1）工具、设备遗漏。 （2）未拆除安全措施。 （3）未请客户签字确认。 （4）未办理终结手续	
	14	系统数据维护及工单归档（责任人：工作班成员） （1）1个工作日内在系统中进行新装数据维护。 （2）工作票或工作任务（派工）单、客户现场工作作业风险预控卡、标准化作业指导卡、新装工单（复印件）等现场作业记录，安装班组应按月妥善留档存放，新装工单原件及时转交营业归档	（1）系统数据录入错误。 （2）新装工单未复印留档	
备注				

工作负责人：　　　　　　　　监护人：　　　　　　　　工作班成员：

附表25　　专变采集终端（230M）拆除标准化作业卡

工作日期：　　年　　月　　日　　　　　　　　工作票（工作任务单）编号：

客户名称及编号		终端编号及规格		
项目	序号	内容	危险点	执行
作业准备	1	工作票手续： （1）办理工作票许可。 （2）工作负责人明确工作内容，告知用户或工作班成员。 （3）会同工作许可人检查现场的安全措施是否到位，检查危险点预控措施是否落实，并明确监护人	在客户电气设备上工作时应由供电公司与客户方进行双许可，防止因安全措施落实不到位引起人身伤害和设备损坏	

项目	序号	内容	危险点	执行
作业过程	2	检查并确认安全工作措施： （1）高、低压设备应根据工作票所列安全要求，落实安全措施。 （2）涉及停电作业的应实施停电、验电、挂接地线或合上接地刀闸、悬挂标示牌。 （3）工作负责人应会同工作票许可人确认停电范围、断开点、接地、标示牌正确无误。 （4）应在作业现场装设临时遮栏，将作业点与邻近带电间隔或带电部位隔离。 （5）工作中应保持与带电设备的安全距离	安全工作措施不完善	
	3	班前会： （1）工作负责人、专责监护人交代工作内容、人员分工、带电部位和现场安全措施，进行危险点告知和技术交底并履行确认手续，工作班方可开始工作。 （2）工作人员根据装拆工作单进行现场核对计量装置信息。 （3）检查工器具，满足工作需要符合实际需求	防止危险点未告知，引起人身伤害和设备损坏	
	4	断开电源并验电： （1）核对作业间隔。 （2）使用验电笔（器）对计量柜（箱）、采集终端箱金属裸露部分进行验电，并检查柜（箱）接地是否可靠。 （3）确认电源进、出线方向，断开进、出线开关，且能观察到明显断开点。 （4）使用验电笔（器）再次进行验电，确认一次进出线等部位均无电压后，装设接地线	防止开关故障或用户倒送电造成人身触电	
	5	计量装置表尾、柜门启封： （1）与客户共同核对计量装置封印是否完好，与封印记录是否相符，发现异常，必须停止工作，启动稽查程序。 （2）拆除封印登记回收	封印及编号未记录	
	6	终端拆除： （1）断开终端供电电源，用万用表或验电笔测量无电后，拆除电源线。 （2）用万用表或验电笔测量控制回路无电后，拆除控制回路。 （3）将电能表停电或采用强弱电隔离措施后，拆除电能表和终端脉冲及 RS485 数据线。 （4）馈线拆除；天线拆除。 （5）终端拆除	防止拆除终端电源回路时短路或接地；防止拆控制回路时，被控开关跳闸，造成营销服务事故。被控开关接入常闭接点时，为避免开关跳闸应与客户沟通，必须停电进行，拆除后应进行短接	
	7	上报资料：与用电信息采集主站联系，报拆除终端资料，下一步进行收工作业		
作业终结	8	清理作业现场： （1）拆除安全措施。 （2）检查、整理、清点作业工器具。 （3）清扫整理作业现场。 （4）清点个人工器具并清理现场，做到工完料净地清	清扫整理作业现场应加强监护，防止触电	
	9	向客户介绍注意事项、签字并办理工作票终结： （1）请客户核对签字。 （2）工作人员撤离作业现场。 （3）与工作许可人办理工作终结	未终结手续	

项目	序号	内容	危险点	执行
作业终结	10	信息录入及资料归档： （1）1个工作日内在信息系统中进行装拆工作单录入和封印信息录入。 （2）旧终端退库，资产人员核对无误后入库。 （3）装拆工作单等单据复印件安装班组应按信息录入日期妥善存放，原件及时转交归档	信息录入错误；未及时归档	
备注				

工作负责人：　　　　　　　监护人：　　　　　　　工作班成员：

附表 26　　　**专变采集终端（230M）更换标准化作业卡**

工作日期：　　年　　月　　日　　　　　　工作票（工作任务单）编号：

客户名称及编号		终端编号及规格	

项目	序号	内容	危险点	执行
作业准备	1	工作票手续： （1）办理工作票许可。 （2）工作负责人明确工作内容，告知用户或工作班成员。 （3）会同工作许可人检查现场的安全措施是否到位，检查危险点预控措施是否落实，并明确监护人	在客户电气设备上工作时应由供电公司与客户方进行双许可，防止因安全措施落实不到位引起人身伤害和设备损坏	
	2	检查并确认安全工作措施： （1）高、低压设备应根据工作票所列安全要求，落实安全措施。 （2）涉及停电作业的应实施停电、验电、挂接地线或合上接地刀闸、悬挂标示牌。 （3）工作负责人应会同工作票许可人确认停电范围、断开点、接地、标示牌正确无误。 （4）应在作业现场装设临时遮栏，将作业点与邻近带电间隔或带电部位隔离。 （5）工作中应保持与带电设备的安全距离	安全工作措施不完善	
	3	班前会： （1）工作负责人、专责监护人交代工作内容、人员分工、带电部位和现场安全措施，进行危险点告知和技术交底并履行确认手续，工作班方可开始工作。 （2）工作人员根据装拆工作单进行现场核对计量装置信息。 （3）检查工器具，满足工作需要，符合实际需求	防止危险点未告知，引起人身伤害和设备损坏。	
作业过程	4	断开电源并验电： （1）核对作业间隔。 （2）使用验电笔（器）对计量柜（箱）、采集终端箱金属裸露部分进行验电，并检查柜（箱）接地是否可靠。 （3）确认电源进、出线方向，断开进、出线开关，且能观察到明显断开点。 （4）使用验电笔（器）再次进行验电，确认一次进出线等部位均无电压后，装设接地线	防止开关故障或用户倒送电造成人身触电	
	5	计量装置表尾、柜门启封： （1）与客户共同核对计量装置封印是否完好，与封印记录是否相符，发现异常，必须停止工作，启动稽查程序。 （2）拆除封印登记回收	封印及编号未记录	

项目	序号	内容	危险点	执行
作业过程	6	拆除需换终端： （1）短接控制回路常闭接点，断开控制回路常开接点，拆开终端侧控制回路。 （2）断开终端供电电源，用万用表或验电笔测量无电后，拆开终端侧电源线。 （3）拆开终端侧馈线。 （4）拆开终端侧脉冲及 RS485 数据线。 （5）终端拆除	防止拆除终端电源回路时短路或接地；拆开控制回路时，防止常开接点短路、常闭接点开路，造成被控开关跳闸，发生营销服务事故	
	7	安装终端： （1）终端安装时面板应正对计量柜（箱）负控室窗口，以方便终端数据的查询和终端按键的使用。 （2）终端安装应垂直平稳，至少三点固定。 （3）终端外壳金属部分必须可靠接地	防止戴手套使用转动电动工具，以免造成机械伤害	
	8	终端接线： （1）终端侧脉冲及 RS485 数据线接入。 （2）终端侧馈线接入。 （3）终端侧电源线接入。 （4）终端侧控制回路接入，恢复控制回路常闭接点	防止安装终端电源回路时短路或接地；安装控制回路时，防止常开接点短路，常闭接点开路，造成被控开关跳闸，发生营销服务事故	
	9	终端通电： （1）终端设备通电前检查现场接线是否正确。 （2）打开终端设备电源开关，检查终端设备运行是否正常	加强监护、检查，防止接线时压接不牢固、接线错误导致设备损坏	
	10	终端设置：根据用电信息采集主站要求设置终端通信参数、频道、波特率	防止终端地址设置错误	
	11	远程通信调试：检查电台通信质量，如通信信号弱应调整天线方向	如需要登高作业，应使用合格的登高用安全工具	
	12	本地通信调试： （1）正确设置终端与电能表通信参数（电能表地址、规约、波特率等）。 （2）抄录、核对终端抄读的数据是否与电能表显示数据一致	注意表计地址设置重复，注意终端的测量点序号与表计对应，避免抄表错误	
	13	遥控和遥信测试： （1）按照负荷控制轮次依次进行遥控试跳被控开关；检查开关位置信号是否正确。 （2）遥控试跳后解除控制，应恢复正常	跳闸测试前应同客户协商同意后，由其配合操作，以免造成营销服务事故	
	14	装置加封： （1）检查并清理柜（箱）内杂物。 （2）对原拆封处施加封印，并做好记录，请客户确认	封印及编号未记录	
作业终结	15	清理作业现场： （1）拆除安全措施。 （2）拆除临时电源；检查、整理、清点作业工器具。 （3）清扫整理作业现场。 （4）清点个人工器具并清理现场，做到工完料净场地清	清扫整理作业现场应加强监护，防止触电	
	16	向客户介绍注意事项、签字并办理工作票终结： （1）新装终端后应向客户介绍采集终端注意事项。 （2）请客户核对签字。 （3）工作人员撤离作业现场。 （4）与工作许可人办理工作终结	未终结手续	

项目	序号	内容	危险点	执行
作业终结	17	信息录入及资料归档： （1）1个工作日内在信息系统中进行装拆工作单录入和封印信息录入。 （2）旧终端退库，资产人员核对无误后入库。 （3）装拆工作单等单据复印件安装班组应按信息录入日期妥善存放，原件及时转交归档	信息录入错误；未及时归档	
备注				

工作负责人：　　　　　　　监护人：　　　　　　　工作班成员：

附表 27　　　　　　　专变采集终端（230M）新装标准化作业卡

工作日期：　　年　　月　　日　　　　　　　　工作票（工作任务单）编号：

客户名称及编号			终端编号及规格		
项目	序号	内容	危险点		执行
	1	工作票手续： （1）办理工作票许可。 （2）工作负责人明确工作内容，告知用户和工作班成员。 （3）会同工作许可人检查现场的安全措施是否到位，检查危险点预控措施是否落实，并明确监护人	在客户电气设备上工作时应由供电公司与客户方进行双许可，防止因安全措施落实不到位引起人身伤害和设备损坏		
作业准备	2	检查并确认安全工作措施： （1）高、低压设备应根据工作票所列安全要求，落实安全措施。 （2）涉及停电作业的应实施停电、验电、挂接地线或合上接地刀闸、悬挂标示牌。 （3）工作负责人应会同工作票许可人确认停电范围、断开点、接地、标示牌正确无误。 （4）应在作业现场装设临时遮栏，将作业点与邻近带电间隔或带电部位隔离。 （5）工作中应保持与带电设备的安全距离	安全工作措施不完善		
	3	班前会： （1）工作负责人、专责监护人交代工作内容、人员分工、带电部位和现场安全措施，进行危险点告知和技术交底并履行确认手续，工作班方可开始工作。 （2）工作人员根据装拆工作单进行现场核对计量装置信息。 （3）检查工器具，满足工作需要符合实际需求	防止危险点未告知，引起人身伤害和设备损坏		
作业过程	4	断开电源并验电： （1）核对作业间隔。 （2）使用验电笔（器）对计量柜（箱）、采集终端箱金属裸露部分进行验电，并检查柜（箱）接地是否可靠。 （3）确认电源进、出线方向，断开进、出线开关，且能观察到明显断开点。 （4）使用验电笔（器）再次进行验电，确认一次进出线等部位均无电压后，装设接地线	防止开关故障或用户倒送电造成人身触电		

项目	序号	内容	危险点	执行
作业过程	5	接取临时施工电源： （1）从工作许可人指定的电源箱接取，检查电源电压幅值、容量是否符合要求，且在工作现场电源引入处配置有明显断开点的刀闸和剩余电流动作保护器。 （2）根据施工设备容量核定移动电源盘的容量，移动电源盘必须有漏电保护器。 （3）接取电源时安排专人监护。 （4）接线时刀闸或空气开关应在断开位置，从电源箱内出线闸刀或空气开关下桩头接出，接出前应验电。 （5）根据设备容量选择相应的导线截面	检查接入电源的线缆有无破损，连接是否可靠。接取前应先验电，避免人身触电事故发生	
	6	计量装置表尾、柜门启封： （1）与客户共同核对计量装置封印是否完好，与封印记录是否相符，发现异常，必须停止工作，启动稽查程序。 （2）拆除封印登记回收	封印及编号未记录	
	7	终端固定： （1）终端宜安装在计量柜负控小室或其他可靠、防腐蚀、防雨具备专用加封、加锁位置的地方。 （2）终端安装时面板应正对计量柜负控室窗口，以方便终端数据的查询和终端按键的使用。 （3）终端安装应垂直平稳，至少三点固定。 （4）终端外壳金属部分必须可靠接地	防止戴手套使用转动电动工具，以免造成机械伤害	
	8	终端电源回路布线： （1）终端电源线宜采用 $2×2.5mm^2$ 铠装电缆，控制线、信号线均采用 $2×1.5mm^2$ 双绞屏蔽电缆。 （2）选择终端电源点应稳定可靠，确保被控开关跳闸后终端能正常运行。 （3）多电源进线的客户宜采用控制电源自动切换回路供电。 （4）布线要求横平竖直、整齐美观，连接可靠、接触良好。 （5）导线应连接牢固，螺栓拧紧，导线金属裸露部分应全部插入接线端钮内，不得有外露、压皮现象	防止电源回路接入时短路或接地造成人身伤亡事故和设备事故	
	9	终端控制回路、遥信回路布线： （1）安装终端控制、遥信回路辅助端子排，用于被控开关常开或常闭接点接入，以便于用户在不停电的情况下进行终端维护工作。 （2）分励脱扣：控制线一端应并接在被控开关的跳闸回路上，另一端应接终端常开接点上。 （3）失压脱扣：控制线一端应串接在被控开关的跳闸回路上，另一端应接终端常闭接点上。 （4）遥信回路接在被控开关空辅助接点。 （5）控制回路、遥信回路两端应使用电缆标牌或标识套进行对应编号标识。 （6）布线要求横平竖直、整齐美观，连接可靠、接触良好。 （7）导线应连接牢固，螺栓拧紧，导线金属裸露部分应全部插入接线端钮内，不得有外露、压皮现象	防止接控制回路时，被控开关跳闸，造成营销服务事故。被控开关接入常闭接点时，为避免开关跳闸应与客户沟通，必须停电进行	

项目	序号	内容	危险点	执行
作业过程	10	脉冲及 RS485 数据线连接： （1）脉冲及 RS485 数据线宜采用 $4×0.5mm^2$ 分色多股屏蔽电缆对电能表与终端进行脉冲及 RS485 数据线连接。 （2）数据线两端应使用电缆标牌或标识套进行对应编号标识，屏蔽层采用终端侧单端接地。 （3）布线要求横平竖直、整齐美观，连接可靠、接触良好。 （4）导线应连接牢固，螺栓拧紧，导线金属裸露部分应全部插入接线端钮内，不得有外露、压皮现象	防止接入脉冲及 RS485 数据线时短路或接地，如电能表带电，应使用绝缘挡板隔离进行接线	
	11	天线、馈线安装： （1）天线的安装施工应符合无线通信相关标准。 （2）天线安装位置应在指向主中心站的方向无近距离阻挡，避开高低压进出线和人行通道。 （3）天线位置应方便于高频馈线布线和支架固定；天线应装设防雷保护装置，馈线应装设避雷器。 （4）馈线长度超过 50m 时，应使用损耗不大于 50dBmV/km 的低损耗同轴电缆。 （5）馈线两端的电缆接头应用锡焊固，馈线全长中不准有接头。 （6）馈线敷设应选择合理路径，进入房屋前应做好防水弯。 （7）天线馈线两端的高频电缆头应严格按照工艺的要求制作，接头应做防水处理	安装天线或馈线时如需要登高作业，应使用合格的登高用安全工具；梯上高处作业应系上双控背带式安全带，防止高空坠落；室外天线应采用防风拉线进行固定；雷雨天气禁止室外天线安装作业	
	12	终端通电： （1）终端设备通电前检查现场接线是否正确。 （2）打开终端设备电源开关，检查终端设备运行是否正常	加强监护、检查，防止接线时压接不牢固、接线错误导致设备损坏	
	13	终端设置：根据用电信息采集主站要求设置终端通信参数、频道、波特率	注意终端地址设置错误	
	14	远程通信调试：检查电台通信质量，如通信信号弱应调整天线方向	如需要登高作业，应使用合格的登高用安全工具	
	15	本地通信调试： （1）正确设置终端与电能表通信参数（电能表地址、规约、波特率等）。 （2）抄录、核对终端抄读的数据是否与电能表显示数据一致	注意表计地址设置重复，注意终端的测量点序号与表计对应，避免抄表错误	
	16	遥控和遥信测试： （1）按照负荷控制轮次依次进行遥控试跳被控开关。 （2）检查开关位置信号是否正确。 （3）遥控试跳后解除控制，应恢复正常	跳闸测试前应同客户协商同意后，由其配合操作，以免造成营销服务事故	
	17	装置加封： （1）检查并清理柜（箱）内杂物。 （2）对原拆封处施加封印，并做好记录，请客户确认	封印及编号未记录	
作业终结	18	清理作业现场： （1）拆除安全措施。 （2）拆除临时电源；检查、整理、清点作业工器具。 （3）清扫整理作业现场。 （4）清点个人工器具并清理现场，做到工完料净场地清	清扫整理作业现场应加强监护，防止触电	

项目	序号	内容	危险点	执行
作业终结	19	向客户介绍注意事项、签字并办理工作票终结： (1) 新装终端后应向客户介绍采集终端注意事项。 (2) 请客户核对签字。 (3) 工作人员撤离作业现场。 (4) 与工作许可人办理工作终结	未终结手续	
	20	信息录入及资料归档： (1) 1个工作日内在信息系统中进行装拆工作单录入和封印信息录入。 (2) 装拆工作单等单据复印件安装班组应按信息录入日期妥善存放，原件及时转交归档	信息录入错误；未及时归档	
备注				

工作负责人：　　　　　　　监护人：　　　　　　　工作班成员：

附表 28　　　　　　　专变采集终端（非 230M）拆除标准化作业卡

工作日期：　　年　月　日　　　　　　　工作票（工作任务单）编号：

客户名称及编号			终端编号及规格	

项目	序号	内容	危险点	执行
作业准备	1	工作票手续： (1) 办理工作票许可。 (2) 工作负责人明确工作内容，告知用户或工作班成员。 (3) 会同工作许可人检查现场的安全措施是否到位，检查危险点预控措施是否落实，并明确监护人	在客户电气设备上工作时应由供电公司与客户方进行双许可，防止因安全措施落实不到位引起人身伤害和设备损坏	
	2	检查并确认安全工作措施： (1) 高、低压设备应根据工作票所列安全要求，落实安全措施。 (2) 涉及停电作业的应实施停电、验电、挂接地线或合上接地刀闸、悬挂标示牌。 (3) 工作负责人应会同工作票许可人确认停电范围、断开点、接地、标示牌正确无误。 (4) 应在作业现场装设临时遮栏，将作业点与邻近带电间隔或带电部位隔离。 (5) 工作中应保持与带电设备的安全距离	安全工作措施不完善	
	3	班前会： (1) 工作负责人、专责监护人交代工作内容、人员分工、带电部位和现场安全措施，进行危险告知和技术交底并履行确认手续，工作方可开始工作。 (2) 工作人员根据装拆工作单进行现场核对计量装置信息。 (3) 检查工器具，满足工作需要符合实际需求	防止危险点未告知，引起人身伤害和设备损坏	
作业过程	4	断开电源并验电： (1) 核对作业间隔。 (2) 使用验电笔（器）对计量柜（箱）、采集终端箱金属裸露部分进行验电，并检查柜（箱）接地是否可靠。 (3) 确认电源进、出线方向，断开进、出线开关，且能观察到明显断点。 (4) 使用验电笔（器）再次进行验电，确认一次进出线等部位均无电压后，装设接地线	防止开关故障或用户倒送电造成人身触电	

项目	序号	内容	危险点	执行
作业过程	5	计量装置表尾、柜门启封： （1）与客户共同核对计量装置封印是否完好，与封印记录是否相符，发现异常，必须停止工作，启动稽查程序。 （2）拆除封印登记回收	封印及编号未记录	
	6	终端拆除： （1）断开终端供电电源，用万用表或验电笔测量无电后，拆除电源线。 （2）将电能表停电或采用强弱电隔离措施后，拆除电能表和终端脉冲及 RS485 数据线。 （3）天线拆除。 （4）终端拆除	防止拆除终端电源回路时短路或接地	
	7	上报资料：与用电信息采集主站联系，报拆除终端资料，下一步进行收工作业		
作业终结	8	清理作业现场： （1）拆除安全措施。 （2）检查、整理、清点作业工器具。 （3）清扫整理作业现场。 （4）清点个人工器具并清理现场，做到工完料净场地清	清扫整理作业现场应加强监护，防止触电	
	9	向客户介绍注意事项、签字并办理工作票终结： （1）请客户核对签字。 （2）工作人员撤离作业现场。 （3）与工作许可人办理工作终结	未终结手续	
	10	信息录入及资料归档： （1）1 个工作日内在信息系统中进行装拆工作单录入和封印信息录入。 （2）旧终端退库，资产人员核对无误后入库。 （3）装拆工作单等单据复印件安装班组应按信息录入日期妥善存放，原件及时转交归档	信息录入错误；未及时归档	
备注				

工作负责人：　　　　　　　　监护人：　　　　　　　　工作班成员：

附表 29　　　　　**专变采集终端（非 230M）更换标准化作业卡**

工作日期：　　年　　月　　日　　　　　　　　工作票（工作任务单）编号：

客户名称及编号			终端编号及规格		
项目	序号	内容		危险点	执行
作业准备	1	工作票手续： （1）办理工作票许可。 （2）工作负责人明确工作内容，告知用户或工作班成员。 （3）会同工作许可人检查现场的安全措施是否到位，检查危险点预控措施是否落实，并明确监护人		在客户电气设备上工作时应由供电公司与客户方进行双许可，防止因安全措施落实不到位引起人身伤害和设备损坏	

项目	序号	内容	危险点	执行
作业准备	2	检查并确认安全工作措施： （1）高、低压设备应根据工作票所列安全要求，落实安全措施。 （2）涉及停电作业的应实施停电、验电、挂接地线或合上接地刀闸、悬挂标示牌。 （3）工作负责人应会同工作票许可人确认停电范围、断开点、接地、标示牌正确无误。 （4）应在作业现场装设临时遮栏，将作业点与邻近带电间隔或带电部位隔离。 （5）工作中应保持与带电设备的安全距离	安全工作措施不完善	
	3	班前会： （1）工作负责人、专责监护人交代工作内容、人员分工、带电部位和现场安全措施，进行危险点告知和技术交底并履行确认手续，工作班方可开始工作。 （2）工作人员根据装拆工作单进行现场核对计量装置信息。 （3）检查工器具，满足工作需要符合实际需求	防止危险点未告知，引起人身伤害和设备损坏	
作业过程	4	断开电源并验电： （1）核对作业间隔。 （2）使用验电笔（器）对计量柜（箱）、采集终端箱金属裸露部分进行验电，并检查柜（箱）接地是否可靠。 （3）确认电源进、出线方向，断开进、出线开关，且能观察到明显断开点。 （4）使用验电笔（器）再次进行验电，确认一次进出线等部位均无电压后，装设接地线	防止开关故障或用户倒送电造成人身触电	
	5	计量装置表尾、柜门启封： （1）与客户共同核对计量装置封印是否完好，与封印记录是否相符，发现异常，必须停止工作，启动稽查程序。 （2）拆除封印登记回收	封印及编号未记录	
	6	拆除需换终端： （1）断开终端供电电源，用万用表或验电笔测量无电后，拆开终端侧电源线。 （2）拆开终端侧天线、网线。 （3）拆开终端侧脉冲及RS485数据线。 （4）终端拆除	防止拆除终端电源回路时短路或接地	
	7	安装终端： （1）终端安装时面板应正对计量柜（箱）负控室窗口，以方便终端数据的查询和终端按键的使用。 （2）终端安装应垂直平稳，固定牢靠	防止电源回路接入时短路或接地造成人身伤亡事故和设备事故	
	8	终端接线： （1）终端侧脉冲及RS485数据线接入。 （2）终端侧天线、网线接入。 （3）终端侧电源线接入	防止接入终端电源回路时短路或接地	
	9	终端通电： （1）终端设备通电前检查现场接线是否正确。 （2）打开终端设备电源开关，检查终端设备运行是否正常	加强监护、检查，防止接线时压接不牢固、接线错误导致设备损坏	

项目	序号	内容	危险点	执行
作业过程	10	终端设置： （1）根据主站要求设置终端通信地址、主备用 IP 地址、通信网关，设置电能表通信参数。 （2）检查通信信号强弱，进行天线位置调整。 （3）重启终端后检查终端与用电信息采集主站联网、注册成功	注意终端参数设置错误	
	11	本地通信调试： （1）正确设置终端与电能表通信参数（电能表地址、规约、波特率等）。 （2）抄录、核对终端抄读的数据是否与电能表显示数据一致	注意表计地址设置重复，注意终端的测量点序号与表计对应，避免抄表错误	
	12	装置加封： （1）检查并清理柜（箱）内杂物。 （2）对原拆封处施加封印，并做好记录，请客户确认	封印及编号未记录	
作业终结	13	清理作业现场： （1）拆除安全措施。 （2）拆除临时电源；检查、整理、清点作业工器具。 （3）清扫整理作业现场。 （4）清点个人工器具并清理现场，做到工完料净场地清	清扫整理作业现场应加强监护，防止触电	
	14	向客户介绍注意事项、签字并办理工作票终结： （1）新装终端后应向客户介绍采集终端注意事项。 （2）请客户核对签字。 （3）工作人员撤离作业现场。 （4）与工作许可人办理工作终结	未终结手续	
	15	信息录入及资料归档： （1）1 个工作日内在信息系统中进行装拆工作单录入和封印信息录入。 （2）旧终端退库，资产人员核对无误后入库。 （3）装拆工作单等单据复印件安装班组应按信息录入日期妥善存放，原件及时转交归档	信息录入错误；未及时归档	
备注				

工作负责人：　　　　　　　　　监护人：　　　　　　　　　工作班成员：

附表 30　　　　　**专变采集终端（非 230M）新装标准化作业卡**

工作日期：　　年　　月　　日　　　　　　　工作票（工作任务单）编号：

客户名称及编号		终端编号及规格		
项目	序号	内容	危险点	执行
作业准备	1	工作票手续： （1）办理工作票许可。 （2）工作负责人明确工作内容，告知用户或工作班成员。 （3）会同工作许可人检查现场的安全措施是否到位，检查危险点预控措施是否落实，并明确监护人	在客户电气设备上工作时应由供电公司与客户方进行双许可，防止因安全措施落实不到位引起人身伤害和设备损坏	

项目	序号	内容	危险点	执行
作业 准备	2	检查并确认安全工作措施： （1）高、低压设备应根据工作票所列安全要求，落实安全措施。 （2）涉及停电作业的应实施停电、验电、挂接地线或合上接地刀闸、悬挂标示牌。 （3）工作负责人应会同工作票许可人确认停电范围、断开点、接地、标示牌正确无误。 （4）应在作业现场装设临时遮栏，将作业点与邻近带电间隔或带电部位隔离。 （5）工作中应保持与带电设备的安全距离	安全工作措施不完善	
	3	班前会： （1）工作负责人、专责监护人交代工作内容、人员分工、带电部位和现场安全措施，进行危险点告知和技术交底并履行确认手续，工作班方可开始工作。 （2）工作人员根据装拆工作单进行现场核对计量装置信息。 （3）检查工器具，满足工作需要符合实际需求	防止危险点未告知，引起人身伤害和设备损坏	
作业 过程	4	断开电源并验电： （1）核对作业间隔。 （2）使用验电笔（器）对计量柜（箱）、采集终端箱金属裸露部分进行验电，并检查柜（箱）接地是否可靠。 （3）确认电源进、出线方向，断开进、出线开关，且能观察到明显断开点。 （4）使用验电笔（器）再次进行验电，确认一次进出线等部位均无电压后，装设接地线	防止开关故障或用户倒送电造成人身触电	
	5	接取临时施工电源： （1）从工作许可人指定的电源箱接取，检查电源电压幅值、容量是否符合要求，且在工作现场电源引入处应配置有明显断开点的刀闸和漏电保护器。 （2）根据施工设备容量核定移动电源盘的容量，移动电源盘必须有漏电保护器。 （3）接取电源时安排专人监护。 （4）接线时刀闸或空气开关应在断开位置，从电源箱内出线闸刀或空气开关下桩头接出，接出前应验电。 （5）根据设备容量选择相应的导线截面	检查接入电源的线缆有无破损，连接是否可靠。接取前应先验电，避免人身触电事故发生	
	6	计量装置表尾、柜门启封： （1）与客户共同核对计量装置封印是否完好，与封印记录是否相符，发现异常，必须停止工作，启动稽查程序。 （2）拆除封印登记回收	封印及编号未记录	
	7	终端固定： （1）终端宜安装在计量柜负控小室或其他可靠、防腐蚀、防雨具备专用加封、加锁位置的地方。 （2）终端安装时面板应正对计量柜负控室窗口，以方便终端数据的查询和终端按键的使用。 （3）终端安装应垂直平稳，至少三点固定。 （4）终端外壳金属部分必须可靠接地。 （5）终端外置天线安装应通信良好、固定牢靠	防止戴手套使用转动电动工具，以免造成机械伤害	

项目	序号	内容	危险点	执行
作业过程	8	终端电源回路布线： （1）终端电源线宜采用2×2.5mm²铠装电缆。 （2）布线要求横平竖直、整齐美观，连接可靠、接触良好。 （3）导线应连接牢固，螺栓拧紧，导线金属裸露部分应全部插入接线端钮内，不得有外露、压皮现象	防止电源回路接入时短路或接地造成人身伤亡事故和设备事故	
	9	脉冲及RS485数据线连接： （1）脉冲及RS485数据线宜采用4×0.5mm²分色多股屏蔽电缆对电能表与终端进行脉冲及RS485数据线连接。 （2）数据线两端应使用电缆标牌或标识套进行对应编号标识，屏蔽层采用终端侧单端接地。 （3）布线要求横平竖直、整齐美观，连接可靠、接触良好。 （4）导线应连接牢固，螺栓拧紧，导线金属裸露部分应全部插入接线端钮内，不得有外露、压皮现象	防止接入脉冲及RS485数据线时，短路或接地，如电能表带电，应使用绝缘挡板隔离进行接线	
	10	终端通电： （1）终端设备通电前检查现场接线是否正确。 （2）打开终端设备电源开关，检查终端设备运行是否正常	加强监护、检查，防止接线时压接不牢固、接线错误导致设备损坏	
	11	终端设置： （1）根据主站要求设置终端通信地址、主备用IP地址、通信网关，设置电能表通信参数。 （2）检查通信信号强弱，如通信信号弱应调整天线位置，或加装增益天线。 （3）重启终端后检查终端与用电信息采集主站联网、注册成功	注意终端地址设置重复	
	12	本地通信调试： （1）正确设置终端与电能表通信参数（电能表地址、规约、波特率等）。 （2）抄录、核对终端抄读的数据是否与电能表显示数据一致	注意表计地址设置重复，注意终端的测量点序号与表计对应，避免抄表错误	
	13	装置加封： （1）检查并清理柜（箱）内杂物。 （2）对原拆封处施加封印，并做好记录，请客户确认	封印及编号未记录	
作业终结	14	清理作业现场： （1）拆除安全措施。 （2）拆除临时电源；检查、整理、清点作业工器具。 （3）清扫整理作业现场。 （4）清点个人工器具并清理现场，做到工完料净场地清	清扫整理作业现场应加强监护，防止触电	
	15	向客户介绍注意事项、签字并办理工作票终结： （1）新装终端后应向客户介绍采集终端注意事项。 （2）请客户核对签字。 （3）工作人员撤离作业现场。 （4）与工作许可人办理工作终结	未终结手续	
	16	信息录入及资料归档： （1）1个工作日内在信息系统中进行装拆工作单录入和封印信息录入。 （2）装拆工作单等单据复印件安装班组应按信息录入日期妥善存放，原件及时转交归档	信息录入错误；未及时归档	
备注				

工作负责人：   监护人：   工作班成员：

　　　　　　　　　　　　集中器拆除标准化作业卡

工作日期：　　年　　月　　日　　　　　　　　工作票（工作任务单）编号：

客户名称及编号				终端编号及规格		
项目	序号	内容			危险点	执行
作业准备	1	工作票手续： （1）办理工作票许可。 （2）工作负责人明确工作内容，告知用户或工作班成员。 （3）会同工作许可人检查现场的安全措施是否到位，检查危险点预控措施是否落实，并明确监护人			在客户电气设备上工作时应由供电公司与客户方进行双许可，防止因安全措施落实不到位引起人身伤害和设备损坏	
	2	检查并确认安全工作措施： （1）高、低压设备应根据工作票所列安全要求，落实安全措施。 （2）涉及停电作业的应实施停电、验电、挂接地线或合上接地刀闸、悬挂标示牌。 （3）工作负责人应会同工作票许可人确认停电范围、断开点、接地、标示牌正确无误。 （4）应在作业现场装设临时遮栏，将作业点与邻近带电间隔或带电部位隔离。 （5）工作中应保持与带电设备的安全距离			安全工作措施不完善	
	3	班前会： （1）工作负责人、专责监护人交代工作内容、人员分工、带电部位和现场安全措施，进行危险点告知和技术交底并履行确认手续，工作班方可开始工作。 （2）工作人员根据装拆工作单进行现场核对计量装置信息。 （3）检查工器具，满足工作需要符合实际需求			防止危险点未告知，引起人身伤害和设备损坏	
作业过程	4	断开电源并验电： （1）核对作业间隔。 （2）使用验电笔（器）对计量柜（箱）、采集终端箱金属裸露部分进行验电，并检查柜（箱）接地是否可靠。 （3）确认电源进、出线方向，断开进、出线开关，且能观察到明显断开点。 （4）使用验电笔（器）再次进行验电，确认一次进出线等部位均无电压后，装设接地线			防止开关故障或用户倒送电造成人身触电	
	5	核对信息：现场核对集中器、载波芯片编号、型号、安装地址等信息，确保现场信息与工作单一致			防止误拆	
	6	集中器拆除： （1）断开集中器供电电源，用万用表或验电笔测量无电后，拆除电源线。 （2）将电能表停电或采用强弱电隔离措施后，拆除电能表和集中器 RS485 数据线缆。 （3）拆除外置天线。 （4）拆除终端。 （5）移除集中器 RS485 数据线缆、外置天线			防止拆除集中器电源回路时短路或接地	
	7	上报资料：与用电信息采集主站联系，报拆除集中器资料，下一步进行收工作业				

项目	序号	内容	危险点	执行
作业终结	8	清理作业现场： (1) 拆除安全措施。 (2) 检查、整理、清点作业工器具。 (3) 清扫整理作业现场。 (4) 清点个人工器具并清理现场，做到工完料净场地清	清扫整理作业现场应加强监护，防止触电	
	9	向运维人员介绍注意事项、签字并办理工作票终结： (1) 请运维人员核对签字。 (2) 工作人员撤离作业现场。 (3) 与工作许可人办理工作终结	未终结手续	
	10	信息录入及资料归档： (1) 1个工作日内在信息系统中进行装拆工作单录入和封印信息录入。 (2) 旧集中器退库，资产人员核对无误后入库。 (3) 装拆工作单等单据复印件安装班组应按信息录入日期妥善存放，原件及时转交归档	信息录入错误；未及时归档	
备注				

工作负责人：　　　　　　　监护人：　　　　　　　工作班成员：

附表 32　　　　　　　　**集中器更换标准化作业卡**

工作日期：　　年　　月　　日　　　　　　　工作票（工作任务单）编号：

客户名称及编号			终端编号及规格		

项目	序号	内容	危险点	执行
作业准备	1	工作票手续： (1) 办理工作票许可。 (2) 工作负责人明确工作内容，告知用户或工作班成员。 (3) 会同工作许可人检查现场的安全措施是否到位，检查危险点预控措施是否落实，并明确监护人	在客户电气设备上工作时应由供电公司与客户方进行双许可，防止因安全措施落实不到位引起人身伤害和设备损坏	
	2	检查并确认安全工作措施： (1) 高、低压设备应根据工作票所列安全要求，落实安全措施。 (2) 涉及停电作业的应实施停电、验电、挂接地线或合上接地刀闸，悬挂标示牌。 (3) 工作负责人应会同工作票许可人确认停电范围、断开点、接地、标示牌正确无误。 (4) 应在作业现场装设临时遮栏，将作业点与邻近带电间隔或带电部位隔离。 (5) 工作中应保持与带电设备的安全距离	安全工作措施不完善	
	3	班前会： (1) 工作负责人、专责监护人交代工作内容、人员分工、带电部位和现场安全措施，进行危险点告知并技术交底并履行确认手续，工作班方可开始工作。 (2) 工作人员根据装拆工作单进行现场核对计量装置信息。 (3) 检查工器具，满足工作需要符合实际需求	防止危险点未告知，引起人身伤害和设备损坏	

项目	序号	内容	危险点	执行
作业过程	4	断开电源并验电： (1) 核对作业间隔。 (2) 使用验电笔（器）对计量柜（箱）、采集终端箱金属裸露部分进行验电，并检查柜（箱）接地是否可靠。 (3) 确认电源进、出线方向，断开进、出线开关，且能观察到明显断开点。 (4) 使用验电笔（器）再次进行验电，确认一次进出线等部位均无电压后，装设接地线	防止开关故障或用户倒送电造成人身触电	
	5	核对信息：现场核对集中器、载波芯片编号、型号、安装地址等信息，确保现场信息与工作单一致	防止芯片类型错误	
	6	集中器拆除： (1) 断开集中器供电电源，用万用表或验电笔测量无电后，拆除电源线。 (2) 拆除集中器与RS485数据线缆的连接。 (3) 拆除外置天线与集中器的连接。 (4) 集中器拆除	防止拆除集中器电源回路时短路或接地	
	7	集中器的安装： (1) 集中器应垂直安装，用螺钉三点牢靠固定在电能表箱或终端箱的底板上。 (2) 金属类电能表箱、终端箱应可靠接地。 (3) 按接线图正确接入集中器RS485通信、电源线缆。 (4) 接入外置天线。 (5) 经工作负责人复查确认接线正确无误后，盖上电表、终端接线端钮盒盖。 (6) 通电检查集中器指示灯显示情况，观察终端是否正常工作。 (7) 检查无线类终端网络信号强度，必要时对天线进行调整，确保远程通信良好	防止误碰带电物体和设备，防止三相电源接线不牢固	
	8	集中器设置：根据用电信息采集主站要求设置集中器通信参数	注意集中器通信参数设置错误	
	9	远程通信调试：检查通信信号强弱，如通信信号弱应调整天线位置，或加装增益天线	如需要登高作业，应使用合格的登高用安全工具	
作业终结	10	清理作业现场： (1) 拆除安全措施。 (2) 拆除临时电源；检查、整理、清点作业工器具。 (3) 清扫整理作业现场。 (4) 清点个人工器具并清理现场，做到工完料净场地清	清扫整理作业现场应加强监护，防止触电	
	11	向运维人员介绍注意事项、签字并办理工作票终结： (1) 新装集中器后应向运维人员介绍集中器注意事项。 (2) 请运维人员核对签字。 (3) 工作人员撤离作业现场。 (4) 与工作许可人办理工作终结	未终结手续	

项目	序号	内容	危险点	执行
作业终结	12	信息录入及资料归档： （1）1个工作日内在信息系统中进行装拆工作单录入和封印信息录入。 （2）旧集中器退库，资产人员核对无误后入库。 （3）装拆工作单等单据复印件安装班组应按信息录入日期妥善存放，原件及时转交归档	信息录入错误；未及时归档	
备注				

工作负责人：　　　　　　监护人：　　　　　　工作班成员：

附表33　　　　　　　　**集中器新装标准化作业卡**

工作日期：　　年　　月　　日　　　　　　工作票（工作任务单）编号：

客户名称及编号			终端编号及规格		

项目	序号	内容	危险点	执行
作业准备	1	工作票手续： （1）办理工作票许可。 （2）工作负责人明确工作内容，告知用户或工作班成员。 （3）会同工作许可人检查现场的安全措施是否到位，检查危险点预控措施是否落实，并明确监护人	在客户电气设备上工作时应由供电公司与客户方进行双许可，防止因安全措施落实不到位引起人身伤害和设备损坏	
	2	检查并确认安全工作措施： （1）高、低压设备应根据工作票所列安全要求，落实安全措施。 （2）涉及停电作业的应实施停电、验电、挂接地线或合上接地刀闸、悬挂标示牌。 （3）工作负责人应会同工作许可人确认停电范围、断开点、接地、标示牌正确无误。 （4）应在作业现场装设临时遮栏，将作业点与邻近带电间隔或带电部位隔离。 （5）工作中应保持与带电设备的安全距离	安全工作措施不完善	
	3	班前会： （1）工作负责人、专责监护人交代工作内容、人员分工、带电部位和现场安全措施，进行危险点告知和技术交底并履行确认手续，工作班方可开始工作。 （2）工作人员根据装拆工作单进行现场核对计量装置信息。 （3）检查工器具，满足工作需要符合实际需求	防止危险点未告知，引起人身伤害和设备损坏	
作业过程	4	断开电源并验电： （1）核对作业间隔。 （2）使用验电笔（器）对计量柜（箱）、采集终端箱金属裸露部分进行验电，并检查柜（箱）接地是否可靠。 （3）确认电源进、出线方向，断开进、出线开关，且能观察到明显断开点。 （4）使用验电笔（器）再次进行验电，确认一次进出线等部位均无电压后，装设接地线	防止开关故障或用户倒送电造成人身触电	
	5	核对信息：现场核对集中器、载波芯片编号、型号、安装地址等信息，确保现场信息与工作单一致	防止芯片类型错误	

155

项目	序号	内容	危险点	执行
作业过程	6	接取临时施工电源： （1）从工作许可人指定的电源箱接取，检查电源电压幅值、容量是否符合要求，且在工作现场电源引入处应配置有明显断开点的刀闸和漏电保护器。 （2）根据施工设备容量核定移动电源盘的容量，移动电源盘必须有漏电保护器。 （3）接取电源时安排专人监护。 （4）接线时刀闸或空气开关应在断开位置，从电源箱内出线闸刀或空气开关下桩头接出，接出前应验电。 （5）根据设备容量选择相应的导线截面	检查接入电源的线缆有无破损，连接是否可靠。接取前应先验电，避免人身触电事故发生	
	7	集中器的安装： （1）集中器应安装在变压器400V母线侧，安装位置应避免影响其他设备的操作。 （2）集中器统一在箱体内安装。 （3）箱体具备良好的抗冲击、防腐蚀和防雨能力，具备专用加封、加锁位置。 （4）杆式变压器下集中器安装应不影响生产检修，便于日常维护。 （5）箱式变压器集中器安装在变压器操作间内。 （6）接入工作电源需考虑安全，必要时采取停电措施。 （7）集中器电源线宜采用 4×2.5mm² 分色铠装电缆分别接入各相电源，电源与集中器之间应用开关（联合接线盒）进行隔离，以便于运行维护。 （8）集中器应垂直安装，用螺钉三点牢靠固定在电能表箱或终端箱的底板上。 （9）金属类电能表箱、终端箱应可靠接地。 （10）按接线图，正确接入集中器电源线	防止误碰带电物体和设备，防止三相电源接线不牢固	
	8	集中器通电： （1）集中器设备通电前检查现场接线是否正确。 （2）打开集中器设备电源开关，检查集中器设备运行是否正常	加强监护、检查，防止接线时压接不牢固、接线错误导致设备损坏	
	9	集中器设置：根据用电信息采集主站要求设置集中器通信参数	注意集中器通信参数设置错误	
	10	远程通信调试：检查通信信号强弱，如通信信号弱应调整天线位置，或加装增益天线	如需要登高作业，应使用合格的登高用安全工具	
作业终结	11	清理作业现场： （1）拆除安全措施。 （2）拆除临时电源；检查、整理、清点作业工器具。 （3）清扫整理作业现场。 （4）清点个人工器具并清理现场，做到工完料净地清	清扫整理作业现场应加强监护，防止触电	
	12	向运维人员介绍注意事项、签字并办理工作票终结： （1）新装集中器后应向运维人员介绍集中器注意事项。 （2）请运维人员核对签字。 （3）工作人员撤离作业现场。 （4）与工作许可人办理工作终结	未终结手续	
	13	信息录入及资料归档： （1）1个工作日内在信息系统中进行装拆工作单录入和封印信息录入。 （2）装拆工作单等单据复印件安装班组应按信息录入日期妥善存放，原件及时转交归档	信息录入错误；未及时归档	
备注				

工作负责人：　　　　　　　　监护人：　　　　　　　　工作班成员：